그들을 만나러 간다
런던

도시의 역사를 만든 인물들

그들을 만나러 간다

런던

마리나 볼만멘델스존 지음

장혜경 옮김

터치아트

버킹엄 궁전 앞을 사열하는 근위병.

윌리엄 터너의 작품 대부분을 소장하고 있는 테이트 브리튼.

마법 같은 매력을 뿜어내는 도시, 다양한 문화가 만나는 현장. 영국 국교회 규율에 복종하기를 거부한 개신교 여러 파의 주장과 전통이, 신세계가 구 유럽과, 왕실이 금융의 제국과, 비참한 가난이 막대한 부와 만나는 곳 런던.

인구 8백만의 세계적인 도시 런던은 역사에 깊이 뿌리내리고 있다. 세상의 모든 비범한 도시가 그러하듯 런던 역시 그곳에서 태어나고 죽었거나 그곳에서 인생의 황금기를 보낸 사람들에게 빚진 것이 많다. 이 책은 런던의 빛을 빚어낸 스무 명의 이야기를 들려주고, 그들이 살았던 도시의 역사와 현재를 조명함으로써 런던의 진정한 얼굴을 보여 줄 것이다.

우리는 런던에서 주저 없이 자신의 뜻을 펼친 헨리 8세와 엄격한 청교도 윤리를 실천하고자 했던 올리버 크롬웰을 만날 것이며, 셰익스피어의 천재성과 찰스 디킨스의 글 솜씨, 윈스턴 처칠의 정치적 역량에 매혹당할 것이다.

런던을 빛낸 수많은 인물 중에서 스무 명을 뽑는 과정은 결코 쉽지 않았다. 2천여 년의 유구한 역사를 자랑하는 도시를 단 스무 명의 인물로 축약할 수는 없기 때문이다. 그럼에도 우리는 이 스무 명의 인물을 통해 런던의 만화경을, 매력 넘치는 런던을 조금이나마 보여 줄 수 있을 것이다.

우리는 이곳에서 오늘의 영국을 만든 위대한 여왕들의 열정을 목격할 것이다. 바이런 경과 오스카 와일드의 풍요로운 언어와 넬슨 경과 레이디 해밀턴의 '미친 듯한 사랑'을 함께 느끼며, 런던의 안개를 뚫고 애거서 크리스티의 교묘한 살인자를 추적하는 미스 마플의 뒤를 쫓을 것이다. 버지니아 울프의 고통을 함께 애달파하고 롤링 스톤스의 리듬에 몸을 맡길 것이며, 불평꾼 카를 마르크스가 도심의 금융 정글에 던진 긴 그림자를 목도할 것이다. 런던의 매력은 이 모든 것에서 나온다. 과거, 현재, 미래가 함께 살아 숨 쉬는 도시 런던은 시간을 초월한 도시다.

차례

런던의 인물 한눈에 보기

사람이 없다면 도시는 도시가 아니다. 윌리엄 셰익스피어, 윈스턴 처칠,
엘리자베스 2세……. 이들이 없었다면 런던은 런던이 아니었을 것이다.

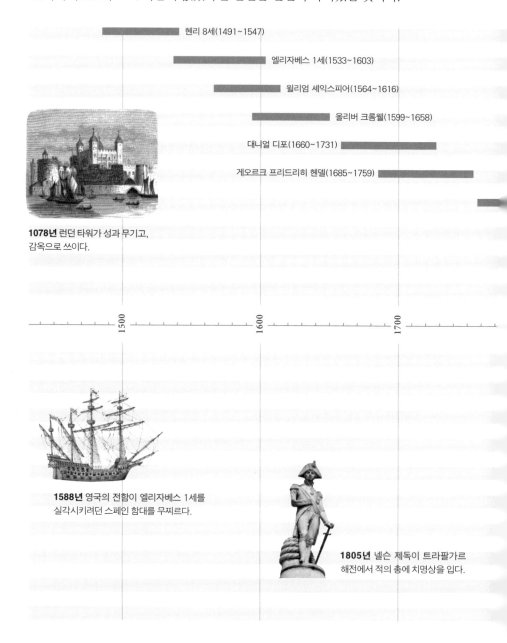

헨리 8세(1491~1547)

엘리자베스 1세(1533~1603)

윌리엄 셰익스피어(1564~1616)

올리버 크롬웰(1599~1658)

대니얼 디포(1660~1731)

게오르크 프리드리히 헨델(1685~1759)

1078년 런던 타워가 성과 무기고,
감옥으로 쓰이다.

1500

1600

1700

1588년 영국의 전함이 엘리자베스 1세를
실각시키려던 스페인 함대를 무찌르다.

1805년 넬슨 제독이 트라팔가르
해전에서 적의 총에 치명상을 입다.

1954-1968년 2층 버스 '루트마스터'가 런던의 명물이 되다.

2001~2004년 노먼 포스터가 금융가에 마천루 '거킨빌딩'을 짓다.

호레이쇼 넬슨(1758~1805), 엠마 해밀턴(1765~1815)

윌리엄 터너(1775~1851)

조지 고든 노엘 바이런(1788~1824)

찰스 디킨스(1812~1870)

1900

2000

카를 마르크스(1818~1883)

빅토리아 여왕(1819~1901)

오스카 와일드(1854~1900)

윈스턴 처칠(1874~1965)

버지니아 울프(1882~1941)

애거서 크리스티(1890~1976)

알렉 기네스(1914~2000)

엘리자베스 2세(1926~)

믹 재거(1941~)

알렉산더 맥퀸(1969~2010)

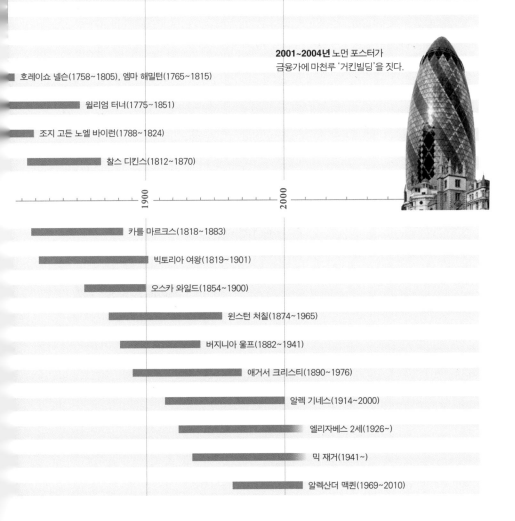

지도 찾아보기

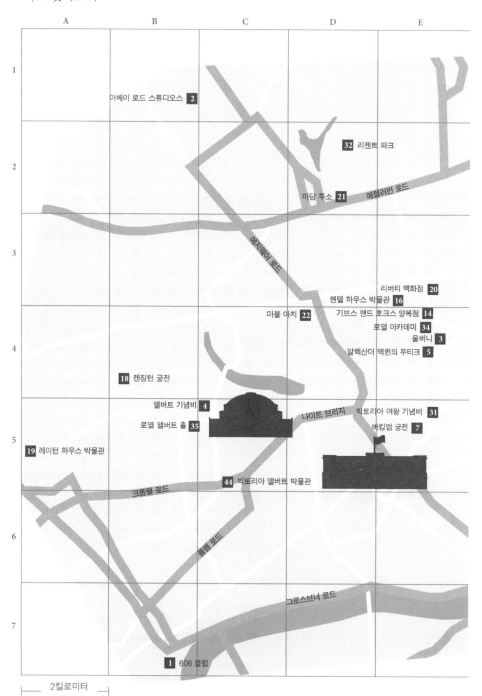

	A	B	C	D	E
1					
2		아베이 로드 스튜디오스 2		32 리젠트 파크	
				마담 투소 21 매럴러번 로드	
3			에지웨어 로드		리버티 백화점 20
4			마블 아치 22	헨델 하우스 박물관 16	기브스 앤드 호크스 양복점 14
					로열 아카데미 34
					올버니 3
		켄징턴 궁전 18		알렉산더 맥퀸의 부티크 5	
5		앨버트 기념비 4		나이트 브리지 빅토리아 여왕 기념비 31	
	19 레이턴 하우스 박물관	로열 앨버트 홀 35		버킹엄 궁전 7	
		크롬웰 로드	44 빅토리아 앨버트 박물관		
6		풀햄 로드			
7				그로스브너 로드	
		1 606 클럽			

2킬로미터

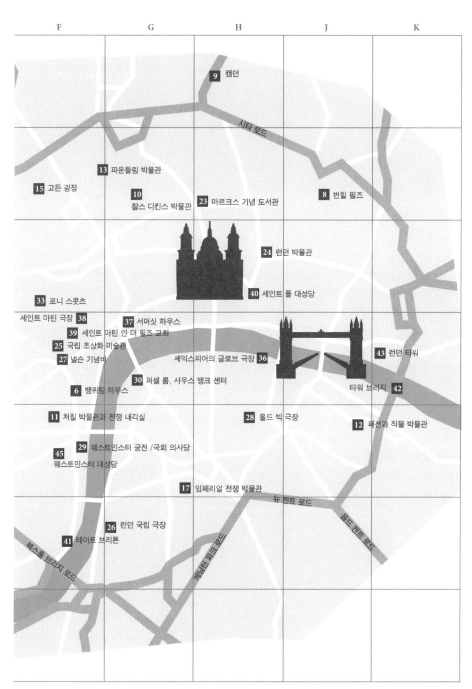

	F	G	H	J	K

9 캠던

시티 로드

13 파운들링 박물관

15 고든 광장

10 찰스 디킨스 박물관　　**23** 마르크스 기념 도서관　　**8** 번힐 필즈

24 런던 박물관

33 로니 스콧츠　　　　　　　　　　　　　　　　**40** 세인트 폴 대성당

세인트 마틴 극장 **38**　　**37** 서머싯 하우스
　　　　　　　　　　39 세인트 마틴 인 더 필즈 교회
　　　　　　25 국립 초상화 미술관　　　　　　　　　　　　　　　　　**43** 런던 타워
　　　　　27 넬슨 기념비　　　　　세익스피어의 글로브 극장 **36**
　　　　　　　　　30 퍼셀 룸, 사우스 뱅크 센터
　　　　6 뱅퀴팅 하우스　　　　　　　　　　　　　　　　　　　타워 브리지 **42**

11 처칠 박물관과 전쟁 내각실　　　　**28** 올드 빅 극장　　　　　**12** 패션과 직물 박물관

45 **29** 웨스트민스터 궁전 /국회 의사당
웨스트민스터 대성당

17 임페리얼 전쟁 박물관

뉴 켄트 로드

올드 켄트 로드

26 런던 국립 극장

41 테이트 브리튼

복스홀 브리지 로드

본문에서 파란색 사각형 숫자와 알파벳 및 숫자의 조합은 지도 위치를 가리킵니다.
예) 런던타워 **43** K4

헨리 8세 1491~1547
교황에게 등을 돌리고 아내들을 버린 남자

권력을 사랑했던 전설의 왕, 그는 거침이 없었다. 아내를 버리기 위해
가톨릭 교황에게 등을 돌리고 스스로 영국 국교회의 수장이 되었으며
그 과정에서 수많은 무고한 사람들이 피를 흘렸다.

1491년, 튜더 왕조의 헨리 7세가 갓 태어난 차남에게 자신과 같은 이름을
선사했을 때만 해도 그 어린 왕자가 장차 영국의 국왕이 되리라는 사실
을 예감한 사람은 없었다. 원래는 그럴 예정이 아니었다. 왕위 계승자는
장남 아서 왕자였다. 그러나 아서 왕자는 15살이 되던 해인 1501년, 아라
곤의 동갑내기 공주 캐서린과 결혼식을 올린 직후 그만 세상을 떠나고 만
다. 그리하여 차남 헨리가 왕위 계승자가 된 것이다.

　웅장한 웨스트민스터 대성당Westminster Abbey **45** F5 의 북쪽 지척에 작은 교
회가 하나 있다. 영국 의회 교구인 세인트 마거릿 교회Saint Margaret's Church다.
아서 왕자와 캐서린 공주가 결혼식을 올렸던 곳으로 교회 동쪽에는 밝은
파랑색 플랑드르산 유리를 사용한 후기 고딕 양식의 창이 달려 있다.

　1501년, 형의 죽음으로 졸지에 왕위 계승자가 된 웨일스의 제9대 왕자
헨리는 당시 10살에 불과했다. 총명하고 열정이 넘쳤던 활달한 소년은 라
틴어와 프랑스어, 역사를 잘했다. 특히 음악과 문학에 관심이 많아 훗날

한스 홀바인이 그린 헨리 8세의 초상화. 권력에 굶주린 살찐 군주의 뚱한 표정이 흥미롭다.

어른이 되어서는 직접 시를 짓기도 했으며 하루하루 군주에게 필요한 소양과 덕목을 익혀 나갔다. 왕자의 짝은 이미 정해져 있었다.

왕실은 헨리의 짝으로 결혼하자마자 남편을 잃은 캐서린을 점찍었다. 새하얀 피부에 붉은빛이 감도는 금발을 엉덩이까지 드리운 우아한 캐서

헨리 8세 시절 햄프턴코트 궁전에 만든 거대한 부엌인 튜더 키친.

린 공주는 인문학적 교양이 풍부하고 신앙심 깊은 사랑스러운 여성이었
다. 헨리 왕자와 캐서린 공주는 비록 형수와 시동생으로 만났지만 서로를
진심으로 사랑하고 아꼈다. 물론 영국 왕실의 관심은 딴 곳에 있었다. 이
결혼으로 스페인과 동맹 관계를 유지하고 싶었던 것이다.

헨리 7세가 세상을 떠나고 불과 6주 후인 1509년 6월 11일, 18살의 신
랑은 5살 연상의 신부와 결혼식을 올렸다. 그리고 그 직후 웨스트민스터
대성당에서 두 사람의 대관식이 거행됐다. 영국 왕실은 음악과 춤, 가면
극과 무술 시합으로 젊은 부부의 결합을 축하했다. 헨리는 캐서린을 향한
사랑의 징표로 그의 갑옷과 투구를 두 사람의 이니셜 'H'와 'K'로 장식했
고, 그 모습으로 당당히 말에 올라 사람들 앞에 나섰다.

그가 입었던 철갑옷들은 다른 시대의 갑옷과 투구, 무기들과 함께 템스

강변의 철옹성, 런던 타워^{London Tower} **43** K4에 고이 보관되어 있다. 더 정확하게 말하면 런던 타워에서도 가장 오래되고 중요한 부분인 화이트 타워에 보관되어 있다. 그곳에는 역대 영국 왕들이 쓰던 무기와 갑옷들이 모두 진열되어 있는데, 헨리 8세의 것도 있다. 말에 올라 고개를 빳빳이 든 헨리 8세, 그 날씬하던 군주가 나이 들어 뚱보 대머리가 될 줄 누가 알았겠는가? 프랑스, 스코틀랜드와 무의미한 전쟁을 이어갔고 영국의 수도원을 약탈하라고 명령하는 무자비한 독재 군주가 될 줄을…….

붉은 수염에 잘 먹어 살이 오른 왕의 뚱한 표정은 훗날 한스 홀바인^{Hans Holbein, 1497~1543}이 그린 초상화들을 통해 우리에게 알려졌다. 아우크스부르크 화가 집안의 아들이었던 르네상스 화가 홀바인은 런던 체류 당시 영국 궁정에 들어갔다가 헨리 8세의 눈에 들어 궁정화가가 되었다.

불행으로 끝난 결혼

1509년, 영국 왕실이 캐서린 왕비의 임신 소식을 온 나라에 전했을 당시만 해도 헨리는 젊고 잘생긴 청년이었다. 모두가 왕비의 배 속 아이는 건강한 사내아이일 것이라고 확신했다. 튜더 왕조가 아무 탈 없이 대대손손 이어지리라고 믿었다. 그러나 1510년 1월, 캐서린은 사산했다. 아이는 딸이었다. 다행스럽게도 왕비는 금방 다시 임신했다. 그리고 1511년 새해 첫날, 그토록 바라던 아들이 태어났다. 왕실과 신하들은 환호했지만 불과 몇 주 후 갓 태어난 왕자의 사망 소식이 전해지면서 온 나라는 또다시 깊은 시름에 잠겼다. 1513년, 캐서린은 다시 아기를 낳았지만 그 아이 역시 사산되었다. 1516년에 딸이 태어났고 그 아이가 메리 튜더다.

어느덧 마흔이 된 캐서린 왕비는 이 모든 일들을 담담하게 견뎠지만 이제 더 이상 버틸 힘이 남아 있지 않았다. 결혼한 지도 벌써 스무 해, 아직 그토록 바라던 합법적 상속자를 영국 왕실에 선사하지 못했다. 그녀도, 남편도 견디기 힘든 일이었다.

그러던 어느 날, 35살의 왕은 가면무도회에서 외교관의 딸로 왕비를 모시던 10살 연하의 시녀 앤 불린을 만났다. 한스 홀바인이 그린 앤 불린의 초상화는 현재 국립 초상화 미술관National Portrait Gallery **25** F4이 소장하고 있다. 교양과 재치가 넘쳤던 이 매력적인 여성은 어린 시절을 프랑스 궁에서 보냈기에 패션에서 생활 방식까지 전부가 프랑스 왕실풍이었다. 왕은 그녀를 후궁으로 삼고 싶었을 것이다. 하지만 앤 불린은 후궁으로 만족하지 않았다. 그녀는 사랑에 푹 빠진 왕에게 자신이 원하는 조건을 들어주었을 때에만 구혼을 받아들이겠노라고 말했다. 그 조건은 바로, 캐서린 왕비와 이혼하고 자신을 왕비로 만들어 주어야 한다는 것이었다.

이 상황을 어떻게 해결할 것인가? 해답은 간단했다. 죽은 형과 아내의 결혼을 소급시켜 현재의 결혼을 무효라고 선언하는 것이었다. 헨리 8세는 아내와의 인연은 신의 계명을 어기고 맺은 것이라며 로마 교황 클레멘스 7세에게 이혼을 허락해 달라는 청을 넣었다. 그러나 교회의 수장은 왕의 청을 거절했다. 그럼에도 헨리 8세는 1533년 1월 25일, 앤 불린과 몰래 결혼식을 올린다. 이어 영국 최고 재판소가 캐서린과 헨리의 결혼을 무효라고 선언했고, 1533년 9월 7일 앤 불린은 딸을 낳았다. 바로 훗날 영국의 여왕 엘리자베스 1세다.

헨리 8세는 이 기회를 이용해 종교의 최고 권력까지 자신의 손아귀에 넣고자 했다. 1534년 11월, 영국 의회는 '수장령'을 발표해 헨리 8세를 영국 교회의 '유일 최고의 수장'으로 정했다. 이로써 영국 교회는 최종적으로 로마와 결별했고 영국 국교회를 설립해 영국 종교개혁의 길을 열었다.

왕을 교회의 최고 수장으로 인정하지 않는 모든 이들에게 사형이 선고

데이비드 로버트가 1533년에 제작한 동판화. 헨리 8세의 두 번째 아내 앤 볼린은 그림 속 웨스트민스터 대성당에서 왕비가 되었다.

됐다. 헨리 8세는 교회의 모든 재산을 몰수하고 수도원을 폐쇄했으며 수사들의 목을 잘랐다. 또한 런던 도심의 요크 대주교 관저를 순식간에 화려한 궁전으로 탈바꿈시킨 후 화이트홀 궁전Whitehall Palace **F4**이라고 이름 붙였다.

화이트홀 궁전은 200년 후 화재로 소실되었다. "화이트홀이 남김없이 불탔다. 담과 폐허 말고는 남은 것이 없다." 존 이블린 경은 일기에 이렇게 적었다. 하지만 다행히도 한 채의 건물이 살아남았으니 건축학적으로도 매우 중요한 연회장 건물 뱅퀴팅 하우스Banqueting House **6** **F4**다. 베네치아의 건축 대가 팔라디오를 존경했고 이탈리아의 르네상스를 영국에 소개했던 이니고 존스Inigo Jones가 설계해 1622년에 완성한 건물이었다. 뱅퀴팅 하우스 2층의 긴 회랑에는 플랑드르 화가 루벤스의 화려한 천장화가 눈

19

길을 사로잡는다. 한스 홀바인이 그린 대형 벽화는 화재 때 소실되었다고 한다. 헨리 8세의 실물 크기 초상화였다.

1536년 5월 19일, 앤 불린은 런던 타워 안마당의 타워 그린^{Tower Green}을 걸어 단두대로 향했다. 헨리 8세가 그녀에게 간통을 저질렀다는 혐의를 뒤집어씌워 이혼하고 법정에 세운 것이다. 그녀는 담비 코트 아래에 검은 재색의 다마스쿠스산 비단 드레스와 진홍색 속치마를 입었다. 흰 두건이 그녀의 머리를 감싸고 있었다. 처형 장면을 목격한 사람들의 말에 따르면 앤은 무릎을 꿇고 미소를 머금은 채 '세상에서 가장 고귀하고 관대하신 군주'를 위해 기도를 올렸다고 한다. 그리고 백성들에게 "왕께서 오래오래 너희들을 다스리도록" 기원했다고 한다. 사람들이 두건을 벗기자 그녀는 눈을 꼭 감았고 형리가 참수용 도끼를 휘둘렀다.

"이혼당하고 참수당하고 죽고, 이혼당하고 참수당하고 살아남았다네" 왕비의 심장이 멎자마자 헨리 8세는 다음 여인에게 결혼을 약속했다. 제인 시모어는 앞서간 두 왕비의 시녀였다. 마침내 아들이 태어났다. 에드워드 6세는 웅장한 햄프턴코트 궁전에서 첫 울음을 터트렸다. 그러나 이 무슨 운명의 장난일까. 제인 시모어는 아들을 낳다가 세상을 떠났고 아들 역시 16살을 채 넘기지 못하고 어머니의 뒤를 따르고 만다.

헨리 8세와 독일 여인 안나 폰 클레베와의 결혼은 불과 몇 개월도 가지 못했다. 헨리가 이렇게 혼자 탄식하는 소리를 누군가 들었다는 소문도 돌았다. "예전부터 그녀를 사랑하지 않았는데 지금은 그보다 더 사랑하지 않아." 헨리는 아무리 노력해도 그녀에게 '육체적으로' 다가갈 수 없었다고 했다. 그러나 안나 폰 클레베는 전혀 아쉬워하지 않았다. "전하께서는 잠자리에 드실 때 내게 키스를 하시고 내 손을 잡고 잘 자라고 인사하시지. 아침에도 키스해 주시고 이따 밤에 보자고 인사하시거든. 그 정도면 충분하지 않아?" 시녀들에게 이런 말을 했다니 말이다.

헨리는 이 결혼 역시 의무 불이행을 근거로 무효화시켰다. 그리고 1540년, 채 18살도 안 된 캐서린 하워드와 다시 결혼했지만 그녀가 시종과 바람을 피웠기 때문에 역시나 간통죄를 물어 참수했다. 마지막 여섯 번째 아내는 이미 두 번이나 이혼한 캐서린 파였다. 불행인지 행운인지 그녀는 이혼당하지도 참수당하지도 않았다. 1547년 1월 28일, 헨리 8세가 56살의 나이로 먼저 숨을 거두었기 때문이다.

"이혼당하고 참수당하고 죽고, 이혼당하고 참수당하고 살아남았다네 Divorced, beheaded, died, divorced, beheaded, survived." 영국 백성들은 운율을 맞춘 이 무시무시한 노래로 왕과 그의 여섯 아내를 오래도록 기억하였다.

런던 타워 **43** K4
London, EC3N 4AB
www.hrp.org.uk
▶지하철: 타워 힐 Tower Hill

뱅퀴팅 하우스 **6** F4
Whitehall, London SW1A 2ER
www.hrp.org.uk
▶지하철: 웨스트민스터 Westminster

세인트 마거릿 교회 (웨스트민스터 대성당) **45** F5
St Margaret St, London SW1P 3JX
▶지하철: 웨스트민스터 Westminster

햄프턴코트 궁전
East Molesey, Surrey KT8 9AU
www.hrp.org.uk
▶지하철: 햄프턴코트 Hampton Court

엘리자베스 1세 1533~1603

오직 영국을 위해 열정을 쏟은 처녀 여왕

영국을 세계열강으로 키워 낸 영리한 여성 엘리자베스. 그녀는 국가를
선택하는 대신 사랑을 포기했다. 그리고 이런 말을 남겼다. "결혼해서
왕비가 되느니 차라리 거지가 되겠다. 결혼반지는 족쇄가 될 것이니."

런던이 급성장하였다. 인구는 20만 명을 넘었고 경제와 무역의 중심지 런
던 시와 의회 소재지 웨스트민스터 시[F4/5]가 템스 강을 따라 급속도로 가
까워졌다. 도심 바깥의 수많은 마을도 한때는 주교와 수도원의 소유지였
으나 이제는 도시로 합병되었다. 그중 대표적인 자치도시를 꼽는다면 햄
스테드, 베터시, 첼시, 켄징턴, 아이슬링턴, 세인트 팽크러스가 있다.

붉은 기가 도는 금발의 곱슬머리, 커다란 갈색 눈, 갸름한 얼굴, 눈부시
게 새하얀 피부. 헨리 8세가 두 번째 왕비 앤 불린과 결혼하여 얻은 딸 엘
리자베스 공주는 고집 센 귀여운 소녀였다. 왕실도, 국가도 1533년 9월 7
일 그리니치에서의 공주의 탄생을 반기지 않았다.

이런, 또 공주라니! 시녀 출신으로 왕을 유혹해서 캐서린 왕비를 내쫓
은 것도 모자라 바람까지 피운 앤 불린이 낳은 딸이었다. 교회가, 온 영국
이 공주에게 '창녀의 씨앗'이라고 손가락질했다. 1536년 5월 19일, 왕의
명령으로 앤 불린이 형장의 이슬로 사라졌을 때 엘리자베스의 나이는 겨

1586년경 페데리코 추카로가 그린 엘리자베스 1세의 초상화. 그녀는 영국을 열강으로 키운 여왕이자 범접하기 힘든 여성이었다.

우 3살이었다. 왕은 세 번째 아내 제인 시모어가 분명히 아들을 낳을 것이라고 확신하고 그에게 왕위를 물려주기 위해 곧바로 엘리자베스를 혼외자로 선포하였다. 그리고 마침내 1537년, 그토록 기다리던 왕자 에드워드가 태어났다. 런던 타워[43] K4에서 2천 발의 축포가 터졌고 온 나라의 교

템스 강변의 서머싯 하우스. 엘리자베스 1세는 왕위에 오르는 1559년까지 이곳에서 살았다.

회가 몇 분 동안 종을 울렸다.

엘리자베스 1세는 어머니가 비참하게 세상을 떠난 후 가정 교사의 보살핌을 받으며 주로 런던 외곽의 햇필드 성에서 지냈다. 프랑스어와 이탈리아어를 배웠고, 음악을 좋아했으며, 책을 아주 많이 읽어서 훗날에는 그리스 철학자들의 저서를 영어로 술술 번역할 수 있을 정도였다.

10년 후 엘리자베스는 런던의 궁으로 돌아와도 좋다는 허락을 받았다. 공주의 거처는 스트랜드 가의 서머싯 하우스Somerset House **37** G4였다. 고전주의 양식으로 지은 이 건물은 1547년부터 서머싯 공작이 거처하였던 곳으로, 엘리자베스 공주는 왕위에 오르기 직전까지 이곳에서 살았다. 여러 차례의 증축을 거친 이 웅장한 건물에는 현재 코톨드 미술관Courtauld Gallery과 임뱅크먼트 미술관Embankment Galleries G4이 자리하고 있다. 55개의 분수가 춤추고 있는 커다란 안마당과 템스 강이 한눈에 내려다보이는 거대한 테라스가 특히 매력적인 곳이다.

헨리 8세가 세상을 떠나자 영국 왕실은 큰 혼란에 빠졌다. 다시금 사랑과 권력의 드라마가 시작되었고 음모와 배신이 줄을 이었다. 캐서린 파 왕비의 옆자리를 차지해 왕이 되고 싶었던 해군 제독 토머스 시모어가 아직 아이가 없던 왕비에게 열렬히 구혼하여 마침내 결혼에 골인하였다. 그는 에드워드 6세의 섭정이었던 에드워드 시모어의 동생이었다.

토머스 시모어의 목이 달아나다

그러나 그는 만족을 몰랐다. 야망에 찬 토머스는 엘리자베스 공주까지 노렸다. 이른 아침 몰래 공주의 방에 들어가 그녀를 유혹하려고 했다. 하지만 별 소득이 없었다. 1548년, 아내 캐서린 파가 출산 후유증으로 세상을 떠나자 그는 아예 공개적으로 공주에게 치근댔다. 왕실도 더 이상은 두고 볼 수 없었다. 1549년 3월 20일, 토머스 시모어는 처형당했다. "서머싯 공작이 오늘 아침 8시에서 9시 사이에 참수당했다."고 왕실은 발표했다. 엘리자베스가 재임 기간 동안 수많은 구혼자들의 청혼을 모조리 거부했던 이유가 바로 토머스 시모어의 집요함 때문이었는지는 지금까지도 논란이 되고 있다. 어쨌든 그녀는 '처녀 여왕'이라는 칭송을 즐겼고, 심지어 월터 롤리 경이 아메리카에 세운 최초의 영국 식민지에 버지니아라는 이름을 붙일 정도로 결혼에 전혀 의미를 두지 않았다.

1553년 7월 6일, 온 나라를 비통에 빠뜨린 충격적인 소식이 전해졌다. 이제 막 16살이 된 에드워드 6세가 폐결핵으로 숨을 거둔 것이다. 다시금 왕좌를 둘러싸고 왕실이 시끄러워졌다. 이 일을 어떻게 할 것인가? 에드워드 6세는 급진 신교도였다. 그래서 만일 자신이 죽으면 절대 구교도인 누나 메리에게 왕위를 물려주지 말라는 명령을 내렸었다. 대신 그는 아버지 헨리 8세의 조카의 딸인 제인 그레이를 신교도라는 이유로 왕위 계승자로 내정해 두었다. 하지만 백성도, 군대도, 모두 다 반대했다. 합법적인 왕위 계승자 메리를 두고 그럴 수는 없다는 것이었다. 그리하여 1553년 8월 3일, 메리는 20살의 배다른 여동생 엘리자베스를 대동하고 거리에 모인 군중의 환호성을 받으며 대관식 장소로 향했다.

메리 1세는 매우 엄격한 구교도였다. 따라서 영국을 가톨릭교회의 품으로 되돌려 주는 것이 그녀의 목표였다. 하지만 메리가 스페인의 왕위 계승자 펠리페 2세와 결혼하겠다고 공표하자 민심은 급격히 떠났다. 구교인 스페인이 과도하게 간섭할지 모른다는 우려가 퍼져나갔다. 메리의 실각을 노린 음모가 발각되었다. 음모의 배후가 엘리자베스일 것이라고 의심한 메리는 엘리자베스를 런던 타워에 감금하라고 명령했다. 당시 벨 타워에서 뷰챔프 타워까지 그녀가 걸어야 했던 길은 지금도 '엘리자베스의 길'이라고 불린다. 엘리자베스는 이대로 죽을지도 모른다는 두려움에 언니에게 선처를 호소해 다행히 런던 타워에서는 풀려났지만 가택 연금되는 신세가 되었다.

메리 1세, '피의 메리'가 되다

1554년, 의회는 헨리 8세의 종교개혁을 무효화하고 과거로 돌아가기로 결의했다. 메리 1세는 이교도를 박해했고, 그 과정에서 무수히 많은 사람들이 화형당했다. 백성들은 겁에 질렸고 분노했다. 영국인들은 지금도 그녀를 '피의 메리Bloody Mary'라고 부른다. 20세기에 들어와 보드카와 토마토즙을 섞은 핏빛 음료에 메리의 이름을 붙인 것 역시 앵글로색슨식 유머로밖에 설명이 안 된다. '피의 메리'는 1558년 세상을 떠나기 전, 남편 펠리

1580년경에 제작된 엘리자베스 1세와 해적 프랜시스 드레이크 경의 초상화. 국립 초상화 미술관에 있다.

폐 2세의 제안을 받아들여 엘리자베스를 후계자로 삼았다. 메리가 죽고 두 달 후인 1559년 1월 15일 아침, 25살의 엘리자베스 공주는 화려하게 장식된 런던의 거리를 지나 웨스트민스터 대성당45 F5으로 향했다. 자신의 대관식에 가는 길이었다. 엘리자베스는 영국과 아일랜드의 새 여왕이 되었고, 그 후 45년에 이르는 기나긴 재임 기간 동안 조국에 넘치는 영광과 부를 선사했다. 후손들은 여왕의 업적을 기려 그 시기를 '엘리자베스 시대'라고 부른다.

　젊은 여왕은 왕실로 권력을 집중시켰다. 권력에 굶주린 귀족과 관료들이 화이트홀 궁전Whitehall Palace F4으로 몰려들었고, 12명의 궁녀와 6명의 귀족 처녀들이 여왕의 시중을 들었다. 국립 초상화 미술관National Portrait Gallery 25 F4에 걸려 있는 당시의 그림들을 보면 여왕은 늘 화려한 옷을 입고 있다. 한 프랑스 역사가는 다음과 같은 글을 남기기도 했다. "그녀는 흰색과 진홍색 무늬의 은 망사 옷을 입었는데 빨간 안감을 댄 소매가 아주 길게 트였다. 옷의 앞섶이 벌어져 가슴이 훤히 다 보였는데도 그녀는 종종 방 안이 너무 더운 것처럼 자기 손으로 앞 단추를 풀어헤쳤다. 의례복의 옷깃은 매우 높고 그 안은 루비와 진주로 장식했다. 목에는 목걸이를 두르고 있었는데 그것 역시 루비와 진주였다. 붉은 가발에도 그에 어울리는 사슬과 금은 장식물이 많이 달려 있었다."

이탈리아의 르네상스에 감명 받은 엘리자베스 1세는 영국 왕실을 이탈리아 못지않은 문화의 중심지로 만들고자 했다. 그 노력 덕분에 시인과 음악가, 화가들이 대거 템스 강변으로 몰려들었다. 1583년, 여왕은 그녀만의 극단 〈엘리자베스 여왕의 극단〉을 창설했다. 세속의 갈등과 열정마저 무대로 끌어올렸던 그 극단은 역사에 길이 남을 위대한 3명의 스타를 배출한다. 바로 윌리엄 셰익스피어^{William Shakespeare, 1564~1616}, 크리스토퍼 말로^{Christopher Marlowe, 1564~1593}, 벤 존슨^{Ben Jonson, 1572~1637}이다. 탐험가 월터 롤리 경과 윌리엄 드레이크, 로버트 데버루는 영국 국기를 휘날리며 세계의 바다를 향해 나갔고, 신대륙 발견과 정복 전쟁을 통해 엄청난 약탈물을 영국으로 가져왔다. 특히 담배는 새로운 기호품으로 각광받았다. 런던의 젊은 한량들은 파이프를 피우며 연극을 보러 극장으로 몰려갔다.

메리 스튜어트가 죽다

1568년, 엘리자베스 1세는 스코틀랜드의 여왕 메리 스튜어트^{Mary Stuart, 1542~1587}를 체포했다. 열렬한 구교도였던 메리 스튜어트가 영국의 왕좌를 넘보며 계속해서 신교도인 엘리자베스를 위협했기 때문이다. 그런 와중에 교황이 엘리자베스 1세를 파문하였고, 영국에 남은 소수의 구교도들이 그녀를 몰아내고 메리 스튜어트와 힘을 합해 가톨릭교회의 힘을 회복하자고 호소하였다. 두 사람의 세력 다툼은 몇 년을 끌었다. 그 사이 메리 스튜어트는 몇 차례나 모반 사건에 휘말렸다. 1586년 10월의 엘리자베스 암살 계획 역시 그녀의 음모로 밝혀졌다. 상하원이 입을 모아 메리를 즉각 처형하라고 목소리를 높였다. 엘리자베스는 하는 수 없이 그들의 요청을 받아들였고 1587년 2월 1일 처형 문서에 사인했다.

일주일 후인 2월 8일, 메리 스튜어트는 벨벳으로 가장자리를 두른 검은 공단 옷을 입고 파서링게이 성의 처형장으로 향했다. 허리띠에 장미 화환 두 개를 달고, 짧게 자른 머리에는 하얀 베일을 쓰고 있었다.

1588년 영국 앞바다에서 영국 해군이 스페인 함대를 무찔렀고, 이로써 무력으로 영국에 가톨릭을 복권시키려던 노력은 수포로 돌아갔다. 더불어 스페인은 몰락의 길을 걸었고, 영국은 세계열강으로 급성장한다.

왕실의 의붓 자매 엘리자베스 1세와 메리 1세는 지금 웨스트민스터 대성당에 나란히 묻혀 있다. 두 무덤의 거리는 9미터에 불과하다.

국립 초상화 미술관 **25** F4

St Martin's Place, London, WC2H 0HE
www.npg.org.uk
▶지하철 : 채링 크로스Charing Cross

서머싯 하우스 **37** G4

Somerset House, Strand, London WC2R 1LA
www.somersethouse.org.uk
▶지하철 : 템플Temple

웨스트민스터 대성당 **45** F5

20 Deans Yd, London SW1P 3PA
www.westminster-abbey.org
▶지하철 : 웨스트민스터Westminster

William Shakespeare

윌리엄 셰익스피어 1564~1616

세계에서 가장 위대한 시인이자 만능 재주꾼

"집에서 멍청하게 게으름 피우면서 청춘을 낭비하지 말고

이 넓은 세상의 기적을 보라." 인류 역사상 가장 위대한 시인

셰익스피어가 최고로 삼은 좌우명이다.

1599년, 런던 템스 강 남쪽 연안에 위치한 글로브 극장^{Globe Theatre} **36** H4이
입추의 여지없이 꽉 들어찼다. 팔각형 목조 건물의 안마당, 지붕 없는 무
대 바로 앞자리는 싸구려 입석 좌석으로 가격이 1페니였고, 건물을 빙 두
른 지붕이 있는 위쪽 좌석은 최고 가격이 6페니까지 했다. 공연은 보통 낮
두 시에 시작했다. 이날 글로브 극장에서 상연될 작품은 윌리엄 셰익스
피어가 쓴 서정적 사랑의 비극 《로미오와 줄리엣》이었다. 셰익스피어는
극작가였을 뿐 아니라 감독이자 배우였다. 당시 34살이던 셰익스피어는
《로미오와 줄리엣》에서 고해 신부 로렌초 역할을 맡았다.

무대 뒤편 2층 객석, 발코니로 꾸며진 무대에서 아직 14살도 채 안 된
줄리엣이 등장해 깜깜한 허공을 바라보며 로미오를 향한 불타는 사랑을
고백하자 관객들 사이에서 당혹스러운 중얼거림이 퍼져 나갔다. "사랑이
처음이라 저의 뺨을 빨갛게 물들이는 이 피를 그대의 검은 옷자락으로 가
려 주세요. 지금은 수줍은 사랑이 어느덧 담대해져서 진정한 사랑의 행위

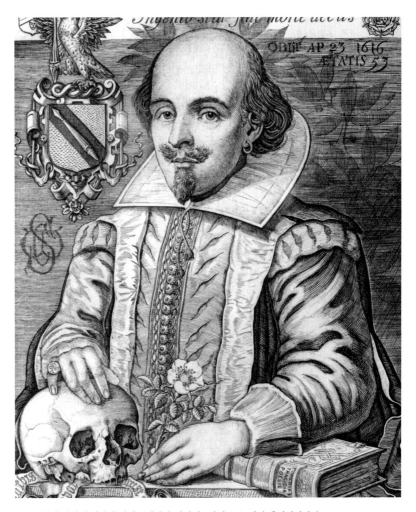

1600년경에 제작된 윌리엄 셰익스피어의 동판화. 당시 그는 이미 유명인이었다.

야말로 정숙하다고 느껴질 때까지. 밤의 여신이여, 어서 오세요. 그 환한
얼굴로 밤을 밝힐 로미오여. 로미오가 밤의 여신의 날개 위에 오른다면
까마귀 등에 내린 눈보다 더 흴 테지요. 밤의 여신이여, 얼굴이 검으신 여
신이여, 어서 오세요. 어서 와서 내게 로미오를 보여 주세요."

셰익스피어가 1598년에 건립했고 1613년 화재로 무너졌던 글로브 극장은 1993년에 재건되었다.

연극 무대 대사치고는 너무 대담했다. 지금껏 접해 본 적 없는 완전히 새로운 어조였다. 한 소녀가 사랑하는 연인과의 은밀한 밤을 갈망하며 아버지가 골라 준 남자와의 정략결혼에 반항한다. 여자는 남자에게, 딸은 아버지에게 무조건 복종해야 한다고 생각했던 엘리자베스 시대 신교도들의 가부장적 통념상 스캔들에 가까운 반항이었다. 저항의 화신, 구원의 손길, 희생의 제물, 셰익스피어의 작품에서는 여성이 중요한 역할을 맡는 경우가 상당히 많다. 물론 목표를 달성하기 위해 남성으로 변장해야 하는 경우도 있었다.

《로미오와 줄리엣》이 초연될 당시 셰익스피어는 이미 12년째 런던에 살며 런던 최고의 극작가로 인정받고 있었다. 당대 최고의 지성이자 그의 경쟁자였던 크리스토퍼 말로Christopher Marlowe, 1564~1593나 벤 존슨Ben Jonson,

^{1572~1637}보다도 인기가 높았고 작품도 더 뛰어났다.

어린 시절 셰익스피어는 라틴 학교에 다녔다. 피혁가공업자였던 아버지가 마을의 읍장이었던 덕에 수업료가 무료였다. 학교에서는 매일 로마 사령관들과 철학자들의 글을 라틴어로 읽었고 논문을 쓰고 번역했다. 그리고 동화나 전설, 신화의 장면을 연극으로 만들었다. 셰익스피어는 오비디우스의 《변신 이야기*Metamorphoses*》를 가장 좋아했고, 그 외에도 베르길리우스, 호라티우스의 작품과 성경책을 많이 읽었다고 한다. 이 풍성한 독서의 경험이 훗날 세계 최고의 극작가에게 평생 동안 마르지 않는 아이디어의 원천이 되지 않았을까. 셰익스피어의 엄청난 독서량은 그의 작품을 보면 단번에 알 수 있다. 그는 대부분의 작품에서 적어도 한 작품, 보통은 여러 작품의 구절을 인용했다. '표절'이라는 개념이 없던 시절이라 그는 남의 작품을 개작하는 것이 당연하다고 생각했고, 심지어 자신이 손을 대면 반드시 더 좋은 작품이 나올 것이라는 확신이 있었다.

어쨌든 1589년에서 1612년까지는 《햄릿*Hamlet*》, 《오셀로*Othello*》, 《리처드 3세*Richard III*》, 《줄리어스 시저*Julius Caesar*》같이 선혈이 낭자한 불멸의 명작들을 비롯해 《베니스의 상인*The Merchant of Venice*》, 《말괄량이 길들이기*The Taming of the Shrew*》, 《한 여름밤의 꿈*A Midsummer Night's Dream*》, 《윈저의 즐거운 아낙네들*The Merry Wives of Windsor*》같이 뛰어난 희극들까지 연이어 탄생한 실로 알찬 시기였다.

런던에서 출세하다!

셰익스피어는 23살이 되던 해, 고향 스트랫퍼드어폰에이번^{Stratford-upon-Avon}을 떠나 런던으로 갔다. 그는 이미 8살 연상의 앤 해서웨이와 결혼해 슬하에 딸 수산나, 쌍둥이 주디스와 햄닛까지 세 자녀를 둔 가장이었다. 셰익스피어는 개인적인 기록이나 편지를 전혀 남기지 않았기 때문에 그의 젊은 시절에 대해서는 알려진 바가 거의 없다. 그의 대다수 작품에서 배신과 질투, 사랑과 증오, 죄는 단골 주제다. 그런 것을 보면 부부 관계에 무슨 문제가 있었던 것은 아닐까? 그게 아니라면 고향에서 사서로 일하며 버는 돈이 너무 적었던 것일까? 그래서 런던으로 가서 극작가와 배우가 되어 돈을 많이 벌고 싶었던 것은 아닐까?

당시만 해도 유랑 극단이 많았다. 스트랫퍼드에도 분명 유랑 극단들이 며칠씩 묵으며 공연했을 것이다. 아마 셰익스피어는 1580년대 말부터 한 유랑 극단의 극작가가 되어 이런저런 작품들을 끄적였던 것 같다. 그러다 결국 그들을 따라 런던에 입성해 아예 터를 잡았을 것이다. 당시는 유럽 최대의 도시 런던에 연극 붐이 막 불기 시작했던 때였다. 한 주에만 몇십만 명이나 되는 사람들이 도시 곳곳에 흩어져 있는 십여 개의 극장으로 몰려들었다. 배우들은 쉽고 빠르게 돈을 벌었다. 특히 자기 극단이 있고 자신이 쓴 작품으로 공연할 경우 금세 돈방석에 앉을 수 있었다.

연극으로 부자가 되다

극장은 돈이 절로 굴러들어오는 금고였다. 1594년까지 셰익스피어는 최소 8편의 희극을 집필한 상태였다. 여왕 엘리자베스 1세마저 그의 능력을 높이 샀다. 셰익스피어는 궁정 공연에서 박수갈채를 받았고 그 후 곧 7명의 동료를 규합하여 궁내장관 극단인 '로드 체임벌린스 맨Lord Chamberlain's Men'을 창설했다. 이어 1598년에는 템스 강 남쪽 연안에 자체 극장까지 갖추었으니 그 유명한 글로브 극장이다.

극작가이자 배우, 감독, 연출가였던 셰익스피어는 이렇게 자기 극장을 갖게 되었다. 극장은 얼마 안 가 런던에서 가장 성공한 극장으로 성장했

영국 국왕들의 대관식 장소이자 무덤이 있는 웨스트민스터 대성당의 '시인의 자리'.

다. 귀족, 대학생, 도제에 이르기까지 다양한 관객들이 정기적으로 '로드 체임벌린스 맨'의 작품을 관람했다. 여성 관객도 날이 갈수록 증가했다. 연극은 오락의 기능뿐 아니라 일반 대중에게 문학을 소개하는 역할도 톡톡히 해냈다. 당시 여자들이 어디에 가서 글을 배울 수 있었겠는가? 엘리자베스 1세의 교육 개혁에도 불구하고 1600년경에는 여성의 89퍼센트가 자기 이름조차 쓸 줄 몰랐다.

셰익스피어는 연극으로 엄청난 돈을 벌었고, 그 돈을 어디에 투자할지 고심했다. 런던에 집을 한 채 구입했고 고향에 있는 건물과 땅도 사들였다. 그리고 47살이 되던 해, 극장 일에서 완전히 손을 떼고 고향으로 돌아가 부동산 사업에 전념한다. 물론 그 후로도 정기적으로 런던을 찾았다.

이제 더 이상 돈 때문에 작품을 쓸 필요는 없었지만 작품 활동을 완전히 놓을 수는 없었다. 1612년, 그는 젊은 작가 존 플레처와 힘을 합쳐 마지막 작품《헨리 8세*Henry VIII*》를 발표한다. 종교와 권력, 헨리 8세의 캐서린 왕비와의 이혼과 앤 불린과의 결혼이 작품의 소재였다. 마지막 장면에서는 엘리자베스 공주의 세례식 장면을 자세히 연출했다. 이 작품은 1613년 6월 16일 글로브 극장에서 초연되었다. 그런데 갑자기 큰 사고가 터졌다. 무대에서 쏜 축포가 극장 초가지붕으로 튀면서 불과 1시간 만에 건물이 전소되고 만 것이다.

물론 지금도 원래의 극장이 있던 바로 그 장소에 셰익스피어의 글로브 극장이 있다. 셰익스피어의 팬이었던 미국의 극작가이자 연출가 샘 워너메이커Sam Wanamaker, 1919~1993가 극장 재건의 발기인이다.

셰익스피어의 인기는 영원하다

재건은 성공했다. 지붕이 없는 팔각형 건물은 갈대로 하늘의 일부만 가렸다. 나무로 만든 둥근 무대는 약 900석의 입석과 600석의 좌석 어디서나 아주 잘 보인다. 또 무대에서부터 걸어서 노먼 포스터Norman Fosters, 1935~가 설계한 밀레니엄 브리지Millennium Bridge H4를 지나 도심으로 들어갈 수 있다. 이 보행자 전용 다리는 세인트 폴 대성당St Paul's Cathedral **40** H3과 템스 강 남쪽 연안의 현대 미술관 테이트 모던Tate Modern F4을 이어 준다. 특히 런던 전체가 불을 밝힌 밤에 감상하는 다리 풍경은 실로 장관이다.

1616년, 윌리엄 셰익스피어는 스트랫퍼드에서 숨을 거두어 그곳에 묻힌다. 1740년에는 웨스트민스터 대성당**45** F5 남쪽 본당의 '시인의 자리Poet's Corner'에 그를 추모하는 실물 크기의 대리석상이 세워졌다. 책 더미에 오른팔을 괴고 다리를 꼰 채 얼굴에는 슬픔에 젖은 기품이 넘쳐흐른다.

이 위대한 작가를 두고 37편에 이르는 그의 극작품과 서양 시가인 소네트 154편이 진짜 그의 작품이 아니라는 주장이 끊임없이 제기되는 것은 실로 안타깝다. 그가 시골 피혁가공업자의 아들이라는 이유만으로.

셰익스피어의 작품을 실제로 썼을 거라고 추측되는 후보가 한없이 많은 것을 보면 음모론에 대한 앵글로색슨족의 깊은 관심을 확인할 수 있다. 철학자 프랜시스 베이컨과 월터 롤리 경은 물론이고 심지어 엘리자베스 1세까지 거론되니 말이다. 크리스토퍼 말로와 옥스퍼드 7대 공작 에드워드 드 비어도 물망에 올랐지만 말로는 1593년에 한 연회에서 칼에 찔려 사망했고 드 비어 역시 1604년에 세상을 떠났다. 따라서 만일 두 사람이 진짜 작가라면 《리어왕》(1605), 《아테네의 타이먼》(1606), 《안토니와 클레오파트라》(1607), 《맥베스》(1608) 같은 작품들은 미리 써놓았다는 이야기가 된다. 하지만 과연 그럴 가능성이 있을까?

어쩌면 셰익스피어는 자기가 죽고 난 후 이런 분쟁이 있을 것을 예상했을지도 모른다. 그의 묘비에 이런 글이 새겨져 있다.

"여기 묻힌 유해가 도굴되지 않도록 예수의 가호가 있기를, 이 돌무덤을 보존하는 자에게는 축복이 있을 것이며, 나의 유골을 옮기는 자에게는 저주가 있으리라."

셰익스피어의 글로브 극장 **36** H4

21 New Globe Walk, Bankside, London SE1 9DT
www.shakespearesglobe.com
▶지하철 : 맨션 하우스Mansion House

웨스트민스터 대성당 **45** F5

시인의 자리
20 Deans Yd, London SW1P 3PA
www.westminster-abbey.org
▶지하철 : 웨스트민스터Westminster

올리버 크롬웰 1599~1658
청교도 혁명을 위해 왕의 머리를 자른 남자

타협을 모르는 한 시골 귀족이 혁명의 햇불을 올렸다. 그는 왕의 목을 치고
나라를 내전으로 몰아넣었다. 영국은 청교도 혁명을 겪으면서 그 대가로
어마어마한 피를 흘렸다.

루브르 박물관에서 본 폴 들라로슈 Paul Delaroche, 1797~1859 의 그림이 파리를 여
행하는 내내 하인리히 하이네 Heinrich Heine, 1797~1856 의 머리에서 떠나지 않았
다. 하이네는 그 그림을 다음과 같이 설명했다. "화이트홀 궁전의 어두침
침한 방, 검붉은 색 벨벳 의자 위에 머리가 잘린 왕의 관이 놓여 있다. 그
앞에 홀로 선 한 남자가 침착한 손놀림으로 관뚜껑을 열어 시신을 바라본
다. 남자는 땅딸막한 체구에 거동이 경솔하며 얼굴은 촌뜨기 같다."

　하이네는 그 남자를 아주 상세하게 묘사했다. "옷은 보통의 군복이며,
청교도적인 장식이 전혀 없다. 축 늘어진 검붉은 색의 긴 벨벳 조끼, 그 밑
에는 노란 가죽 재킷을 입었고 승마용 장화는 어찌나 긴지 검은 바지가
거의 보이지 않을 정도로 다리 위까지 올라와 있다. 가슴에 대각선으로
맨 더러운 단도걸이 멜빵에는 종 모양 손잡이가 달린 단도 하나가 꽂혀
있다. 짧게 자른 검은 머리에는 챙을 젖힌 검은 모자를 쓰고 있고 모자에
는 빨간 깃털이 달려 있다. 목에는 흰 옷깃을 덧붙였고 그 아래로 얼핏 갑

올리버 크롬웰 동판화. 그는 영국, 아일랜드, 스코틀랜드의 호국경이었다.

옷 한 조각이 보인다. 단도 손잡이 쪽 손에는 더러운 누런 장갑을 낀 채 짤막한 지팡이를 들고 다른 손으로는 열린 관 뚜껑을 받치고 있다. 그 관 안에 왕이 누워 있다."

초록색 비단 쿠션 위에 누워 있는 시신은 찰스 1세^{Charles I, 재위 1625~1649}이

헨리 길라드 글린도니가 1888년에 제작한 그림. 크롬웰이 이끈 청교도 혁명을 그린 이 그림은 귀족들을 신문하는 광경을 담았다.

며 그 옆의 군인은 바로 왕정을 무너뜨린 공화파의 군인이자 지금까지도 논란의 주인공인 시대의 영웅 올리버 크롬웰이다.

1649년 1월의 어느 날, 크롬웰은 화이트홀 궁전의 뱅퀴팅 하우스$^{Banqueting House}$ **6** F4 앞에서 스튜어트 왕조의 왕을 공개적으로 처형했다. 영국이 공포에 사로잡혔다. 대다수 백성들은 여전히 왕정을 옹호했으므로 이 참수형은 국민들의 뜻이 아니었다. 그럼에도 음모와 살인, 대역죄를 이유로 도끼가 왕의 머리를 내리치는 순간, 그 장면을 보기 위해 수많은 런던 시민들이 모여들었다. 이렇게 되기까지 스튜어트 왕조의 왕들은 의회의 권한을 축소하고 자신들의 권력을 키우기 위해 사력을 다해 왔다. 한마디로 영국을 의회에서 독립된 절대 왕정으로 만들기 위해 애썼던 것이다. 게다가 영국 교회를 로마의 교회로 만들고 싶어 했다. 대다수 국민의 뜻을 거스르는 도발이었다. 특히 영국의 청교도들과 스코틀랜드의 장로교도들이 왕의 그러한 무례함에 분노했다.

그런 와중에 어느 날 갑자기 올리버 크롬웰이 등장했다. 고향 헌팅턴의 의원 자격으로 런던 하원에 입성한 그는 케임브리지 대학에서 공부를 마친 시골 귀족으로 자타가 공인하는 청교도였다. 따라서 1629년에서 1640년까지 찰스 1세가 '11년의 독재'를 통해 이루고자 했던 의회 없는 국가는 크롬웰로서는 도저히 용납할 수 없는 일이었다. 그렇게 왕당파와 의회파의 갈등이 깊어져 갔고, 마침내 1642년, 그 갈등의 골은 내전으로 비화되고 만다. 이름하여 청교도 혁명이다.

승리는 올리버 크롬웰에게 돌아갔다. 세계 역사상 처음으로 왕의 머리가 땅에 떨어졌다. '왕과 왕비, 왕자, 공작, 백작 모두가 법 앞에서 평등하다'는 급진적 목표를 이루기 위해서였다. 왕정과 상원이 폐지되었다. 1649년 영국은 공화정을 선포했고, 올리버 크롬웰은 정규군의 지원을 등에 업고 영국 공화정의 1인자 '호국경$^{Lord\ Protector}$'이 되었다.

크롬웰의 조각상

하이네가 그림 속에서 인상적으로 묘사된 크롬웰의 모습을 쉽게 떨쳐 버리지 못한 채 웨스트민스터 홀$^{Westminster\ Hall}$ **29** F5쪽으로 걸어간다. 때마침 빅 벤$^{Big\ Ben}$ F5에서 종소리가 울린다. 11세기 말에 지은 이 시계탑은 현재까지 남아 있는 이 중세의 왕궁 웨스트민스터 궁전에서 가장 오래된 건축물이다. 궁 안에는 높은 대좌 위에 실물 크기의 크롬웰이 일반 병사들과 다를 바 없는 차림으로 당당하게 서 있다. 동상을 올려다보면 영국 하원을 호령하던 위풍당당한 의회주의자의 결연한 표정이 눈에 들어온다. 크롬웰도 초기에는 청교도답게 소박한 옷을 즐겨 입었다. 의회에 들어갈 때도 셔츠에 조끼, 윗부분이 젖혀진 긴 장화 차림이었을 것이다.

의회 건물인 국회 의사당^{House of Parliament} **29** F5 으로 가는 길은 세인트 스티븐 게이트를 지나 쭉 이어진다. 하원이나 상원 의원들의 논쟁을 방청석에서 구경하고 싶거나 매주 수요일 '질의 시간'에 맞춰 의회에 출석하는 영국 수상을 직접 보고 싶다면 길게 늘어선 줄에 서면 된다. 아마 기다린 보람이 없지는 않을 것이다.

9년 동안 이어진 집권 초기부터 크롬웰은 독재자로 변신했다. 1649년에는 영국군을 아일랜드로 보내 가톨릭 왕국을 점령했다. 그 과정에서 수천 명이 목숨을 잃었음에도 '호국경'의 욕심은 아일랜드에서 멈추지 않았다. 1650년, 영국은 스코틀랜드 왕국마저 점령하고 만다.

왕처럼 살았지만 왕관은 거부한 남자

1651년, 크롬웰은 항해 조례를 시행하여 식민지무역상들과 해운업자들의 활동을 지원했다. 해상 열강 스페인 및 네덜란드와 전쟁하고 무력을 동원해 두 번이나 의회의 타협주의자들을 소탕했다. "너희들은 여기에 충분히 오래 앉아 있었지만 이룬 것이 없다. 그러므로 내가 너희들의 수다를 끝내리라."

왕관만 없었을 뿐, 크롬웰의 권력은 왕과 다를 바 없었다. 1657년, 의회가 그에게 왕관을 건넸지만 그는 단호히 거절한다. 하지만 크롬웰은 왕과 다름없이 비단과 벨벳으로 몸을 휘감았다. 국가 행사 역시 왕정 때와 별반 다르지 않았다. 청교도인 그가 귀족들이 타는 마차를 타고 시골풍의 소박한 하이드 파크^{Hyde Park} B-D4/5를 둘러싼 도로로 나와 분칠한 가발을 쓰고 긴 윗옷자락을 펄럭이는 우아한 귀족들과 스스럼없이 어울렸다.

1654년 5월 1일에는 바로 그 도로에서 큰일이 날 뻔했다. 크롬웰이 말

국회 의사당과 웨스트민스터 홀. 영국 의회파 수장 올리버 크롬웰도 이곳에서 정치를 했다.

에서 떨어져서 말에게 끌려가던 중 주머니에 든 권총이 발사되면서 앞서 가던 기수가 그만 목숨을 잃고 만 것이다. 다행히 크롬웰은 무사했다.

청교도 혁명을 통해 영국 국민은 막대한 자유와 권리를 얻었다. 그러나 영원히 잃은 것도 적지 않았다. 크롬웰의 혁명이 폭풍처럼 온 나라를 휩쓸고 지나가자 교회는 폐허가 되었고 극장은 문을 닫았다. 런던의 글로브 극장 역시 예외가 아니었다. 크롬웰은 국민들에게 세속적 유흥과 쾌락을 일체 허용하지 않았다. 심지어 '호국경'께서 크리스마스 파티를 폐지할 계획을 세우고 있다는 소문까지 돌았다.

집권 9년 째 되던 해인 1658년 9월 3일, 크롬웰은 51살의 나이로 숨을 거두었다. 잠시 그의 아들 리처드가 정치 무대에 발을 내디뎠지만 아버지의 권력을 승계하려던 그의 시도는 실패로 돌아갔다. 리처드는 1659년에 런던을 떠났고 그와 함께 호국경의 '왕 없는 시대'도 끝이 난다.

다시 왕정복고의 시대가 열렸다. 청교도 혁명 동안 프랑스에 망명해 있던 찰스 1세의 아들 찰스 2세^{Charles II, 재위 1660~1685}가 즉위했다. 극장은 다시 문을 열었고 배우들과 시인들, 희극작가들이 런던으로 돌아와 코번트 가든^{Covent Garden F4}에 터를 잡았다. 이곳이 코번트 가든인 이유는 예전에 이곳에 정원으로 둘러싸인 수녀원이 있었기 때문이다. 1630년대, 이니고 존스가 이곳에 신고전주의 양식의 우아한 광장을 만들었고, 그 후 1732년에는 존 리치^{Jones Rich}의 설계로 왕립 오페라 하우스^{Royal Opera House F4}가 들어섰다.

시신을 교수형에 처하다

1667년 5월 1일, 일기 작가 새뮤얼 피프스^{Samuel Pepys, 1633~1703}는 웨스트민스터로 가기 위해 드루어리 레인 가를 지나고 있었다. 그의 일기장에는 이렇게 적혀 있다. "도중에 우유 통을 화환으로 휘감은 우유 배달 아가씨를 만났는데, 앞서 거리를 내려가던 바이올린 연주자를 따라가며 춤을 추고 있었다. 그 모습을 귀여운 넬리가 소매를 걷어 올린 보디스를 입고 자기 집 문에 서서 구경하고 있었다. 정말 엄청나게 어여뻐 보였다." 넬리는 훗날 찰스 2세의 총애를 한 몸에 받아 두 명의 공작을 낳았던 바로 그 여배우 넬 귄^{Nell Gwyn, 1650~1687}이다.

파크 레인^{Park Lane}과 베이스워터 로드^{Bayswater Road}가 만나는 곳, 번잡한 옥스퍼드 가의 입구에는 대리석 문 마블 아치^{Marble Arch} **22** D3/4가 서 있다. 이곳에 공개 처형 장소인 타이번 나무^{Tyburn Tree}가 있었다. 1661년 1월 30일, 엄청난 인파가 이곳으로 몰려와 목을 빼고 잔혹한 역사의 현장을 기다렸다. 마침내 복수의 시간이 돌아온 것이다. 크롬웰이 죽고 왕정이 복고되자 왕당파는 왕을 죽인 이 청교도 살인마의 시신을 땅에 묻은 지 3년 만에 파내어 다른 두 의회파 시신과 함께 공개적으로 교수형에 처하라고 요구했다. 그의 두개골이 교수대에 걸리자 승리의 환호성이 터져 나왔다.

사회비판적 화가 윌리엄 호가스^{William Hogarth, 1697~1764}는 바로 이런 장면들을 포착했다. 그는 그림과 동판화를 통해 당시의 풍속과 관습을 사정없이 비판하였다. 〈게으른 도제의 처형The Idle Prentice Executed at Tyburn〉은 〈근면과 게으름Industry and Idleness〉 연작 동판화 중 한 편으로, 잔혹한 처형 장면을 묘사한 작품이다. 그런데 재미있는 것은 귀족만 비단 끈으로 목을 맬 특권을 누렸다는 사실이다. 보통 끈과 비단 끈의 차이는 런던의 부지런한 일기 작가 새뮤얼 피프스의 글을 통해 잘 알 수 있다. 그는 의사 길드 하우스의 해부과를 찾았다가 이런 이야기를 들었다.

"좋은 집안 출신의 딜론이라는 남자가 있었는데 가족이 그를 감옥에서 빼내려고 백방으로 노력했지만 결국 교수형에 처해졌다. 그런데 교수형을 당할 때 본인이 준비한 비단 끈을 사용했다. 명예 때문만은 아니고 비단 끈이 매끈하고 부드러워 쉽게 꽉 조여지기 때문에 금방 숨통이 멎기 때문이다. 그와 달리 뻣뻣한 천은 잘 조여지지 않아 자칫하면 한참 동안 숨이 끊어지지 않을 수 있다. 하지만 탁자에 둘러선 모든 의사들은 교수형이 그렇게 고통스럽지 않다는 데 의견을 모았다. 혈액 순환이 금방 멎어서 모든 감각과 동작이 중지되기 때문이다."

마블 아치 22 D3/4
▶지하철 : 마블 아치Marble Arch

웨스트민스터 홀/국회 의사당 29 F5
Westminster, London SW1A 0AA
www.parliament.uk
▶지하철 : 웨스트민스터Westminster

대니얼 디포 1660~1731
리얼리즘의 개척자이자 영국 근대 소설의 창시자

한 시대의 기록자들이 없었다면,《로빈슨 크루소》의 작가 대니얼 디포와
자신이 살던 시대를 상세한 일기로 남긴 새뮤얼 피프스가 없었다면
17세기의 런던은 어떻게 기록되었을까?

번힐 필즈Bunhill Fields **8** J2는 번잡한 런던 도심에서 몸과 마음을 쉴 수 있는
말 그대로의 쉼터다. 핀즈버리 구의 그 '뼈의 언덕지명 Bunhill은 Bonehill에서 유래
했다'이 산책하거나 사랑을 나누는 연인들에게 그야말로 안성맞춤인 전원
적 풍경을 선사하기 때문이다. 물론 예전부터 그랬던 것은 아니다. 1942
년에는 독일 전투기들이 이곳을 불바다로 만들었고 어려운 복원 과정을
거쳐 1960년 이후에야 겨우 예전의 푸르른 얼굴을 되찾았다. 번힐 필즈
라는 이름과 비바람에 시달린 비석들로 미루어 이곳은 원래 역사적인 공
동묘지였을 것이다. 17세기 초부터 1855년까지 런던의 유명인들이 이곳
에 묻혔다. 퀘이커교 창시자인 조지 폭스George Fox, 1624~1691와 팝문화에 영
감을 준 신비주의적 시인 윌리엄 블레이크William Blake, 1757~1827 역시 이곳에
서 영면에 들었다.

그들과 불과 몇 걸음 떨어진 곳에 대니얼 디포가 묻혀 있다. 런던 국립
해양 박물관National Maritime Museum에 걸려 있는 무명 화가가 그린 그의 초상

《로빈슨 크루소》의 저자 대니얼 디포는 상인이자 기자, 작가였다. 1833년에 제작한 동판화.

화를 보면 그는 사리분별이 분명한 사람이었던 것 같다. 어깨까지 내려오는 갈색의 긴 곱슬머리 가발을 쓰고서 순탄한 인생을 살아온 남자의 매서운 표정을 짓고 있는 그의 얼굴을 조금 더 자세히 보면 미소에 살짝 비웃음이 깃든 듯도 하다. 그도 알고 보면 항상 진실만을 추구하지는 않았던

동판화에 담긴 번힐 필즈의 음산한 분위기. 이 공동묘지에는 대니얼 디포를 포함하여 런던의 유명
인사들이 많이 묻혀 있다.

그런 유형이 아니었을까?

영국 소설의 창시자로 널리 인정받고 있는 대니얼 디포는 세계문학사
에 길이 남을 유명한 작품을 썼다. 소설의 원제는 현대 인쇄술의 가능성
을 시험할 정도로 길고 복잡하다. 바로《28살에 큰 오리노코 강의 하구 근
처에서 배가 난파하여 남은 승객들은 다 죽고 혼자 목숨을 구해 육지로
떠밀려 가서 아메리카 해안의 무인도에서 혼자 살았던 요크 출신의 선원
로빈슨 크루소의 삶과 이상하고 놀라운 모험. 그가 마침내 특이하게도 해
적 덕분에 무인도에서 구출된 기록도 포함. 그가 직접 기록함》이다.

《로빈슨 크루소》는 칠레 연안에 있는 후안페르난데스 제도의 한 섬에
서 실제로 4년 동안 홀로 살았던 선원 알렉산더 셀커크의 운명을 모티브
로 삼은 소설이다. 하지만 사실은 거기까지다. 그 알맹이만 빼면 나머지

는 전부 '착한 기독교인은 쉽게 타락하지 않는다'는 메시지 전달을 위한 스릴 넘치는 허구다. 대니얼 디포의 다른 소설들 역시 비슷한 식의 신앙 홍보서다. 예를 들어 《몰 플랜더스*Moll Flanders*》(1722)도 런던에서 유명세를 떨쳤던 한 창녀의 개종을 다룬 이야기다.

1665년 7월, 페스트가 런던까지 마수를 뻗쳤다. 런던 시민의 20퍼센트인 7만여 명이 목숨을 잃었다. 대니얼 디포의 《역병의 해 일지*A Journal of the Plague Year*》는 그로부터 60여 년 세월이 흐른 훗날, 마치 자신이 그 현장에 있었던 것처럼 생생하게 당시 상황을 기록한 르포르타주다. 그의 묘사는 너무나도 생생해서 읽고 있으면 온몸에 소름이 돋을 정도다. 가장 먼저 페스트의 공격을 당한 곳은 도시 외곽 항구 지역으로 가난한 노동자들이 열악한 주거환경에서 오글오글 모여 살던 곳이다. 죽은 사람들은 구덩이를 파서 한꺼번에 묻었다. "런던 전체가 눈물의 홍수에 빠졌다고 말할 수 있을 것이다. 그러나 시간이 가면서 심장도 무뎌졌다."

디포는 밀랍 제조업자이자 양초 상인의 아들로 태어났다. 엄격한 장로교식 교육을 받고 자랐으며 매우 현실적인 사람이었던 그는 상점 3개와 벽돌 공장을 소유한 상인이자 공장주였지만 그것으로 만족하지 못했다. 정치적인 야망을 품었고, 그래서 몬마우스^{Monmouth}의 공작 제임스 스콧과 가까이 지냈다. 그러나 스콧은 찰스 2세가 사망한 후 왕위를 노리다가 1685년에 그의 군대가 대패하는 바람에 타워 힐^{Tower Hill}**43** K4에서 교수형에 처해진다. 적극적 정치 활동이 어떤 결과를 초래할 수 있는지 똑똑히 목도한 디포는 그 후 글쓰기로 방향을 전환했다. 여러 에세이를 통해 다른 종교에 비관용적인 영국 교회를 비판했다. 당시의 정치, 경제적 문제에도 비난의 화살을 겨눴다. 특히 시사풍자시 《진정한 순종 영국인*The True-Born Englishman*》(1701)은 큰 성공을 거두었다.

그는 유명해졌고 원래 이름 포에 귀족 칭호 '드'를 붙여 이름을 디포로 바꾸었다. 하지만 1703년, 국민을 선동한다는 이유로 투옥되어 공개 비판을 받았다. 평판이 중요한 상인으로서는 치명적인 일이 아닐 수 없었다.

그 후 디포는 기자로 직업을 바꿔 1713년까지 주간지 〈더 리뷰The Review〉를 발행해 잡지를 통해 많은 사람들의 관심과 존경을 받았다. 1719년 세상에 나온 《로빈슨 크루소》로 디포가 번 돈은 고작 50파운드에 불과했지만 출판사는 약 5만 파운드를 벌었다. 그래도 디포는 명망 있는 평론가이자 당시의 런던 상황을 생생한 기록으로 남긴 기록자로 인정받았다. 하지만 그는 런던의 유일한 기록자도, 최초의 기록자도 아니었다. 런던 사람들은 지금도 런던의 대표 기록자라고 하면 디포의 선배 격인 새뮤얼 피프스Samuel Pepys, 1633~1703를 먼저 떠올린다.

새뮤얼 피프스, 런던의 위대한 기록자

영국 해군성 차관이었던 피프스는 1660년부터 일기를 썼다. 국가적 대사건 역시 그의 일기에 아주 자세히 기록되었다. 1661년 4월 23일, 웨스트민스터 대성당**43** F5에서 거행되는 찰스 2세의 대관식에 참석하기 위한 긴 행렬이 런던 타워에서 화이트홀까지 이어졌다. 그날 피프스가 관람석에서 관찰한 모습은 다음과 같다. "왕의 머리에 왕관이 얹히자 큰 환호성이 터져 나왔다. (중략) 전령관이 연단의 탁 트인 삼면으로 걸어가 찰스 스튜어트가 왕이 되지 말아야 하는 이유를 댈 수 있는 자가 있다면 지금 앞으로 나와 그 이유를 말하라고 외쳤다."

국립 초상화 미술관**25** F4에 가면 존 헤일스John Hayls, 1600~1679가 그린 초상화 한 점이 걸려 있다. 30대 중반의 새뮤얼 피프스다. 당시 그는 이미 해군성에서 막강한 권력을 누렸다. 그가 그렇게 꿈을 이루어 자신의 '화사한

크리스토퍼 렌의 거작인 세인트 폴 대성당의 화려
한 내부 모습.

마차'를 타고 런던 시내를 돌아다닐
수 있었던 데에는 먼 친척 에드워드
몬터규의 후원이 큰 역할을 했다. 샌
드위치 백작으로 더 많이 알려진 이
대 부르주아는 8살 연하의 친척을 성
심껏 보살펴 주었고 할 수 있는 데까
지 지원을 아끼지 않아 그의 출세를
도왔다.

　새뮤얼 피프스는 사교적이었고 노래와 류트 연주를 좋아했다. 그의 서
재에는 철학과 의학, 천문학, 해양학에 관한 책들이 그득했다. 몽테뉴와
데카르트, 홉스의 저서를 즐겨 읽었고 셰익스피어의 연극을 자주 관람했
다. 요즘으로 치자면 교양인 집단의 정보원이었던 셈이며 통신원이 되기
에 더없이 이상적인 조건의 인물이었다. 우리가 17세기의 런던을 마치 그
곳에 가본 사람처럼 생생히 알 수 있는 것은 이러한 지식과 교양을 갖추
었던 새뮤얼 피프스 덕분이다.

　궁정 생활을 지켜보는 그의 눈에는 호기심과 회의가 서려 있었다. 1661
년 8월 31일자 일기엔 다음과 같은 구절이 있다. "궁은 정말 엉망진창이
다. 재정난, 음주와 욕설, 난잡한 성생활의 악덕이 이토록 넘쳐나니 결국
혼란으로 끝나지 않을 방법을 찾지 못하겠다. 교회는 저 꼭대기에 있기에
내가 만나는 사람들은 모두가 입을 모아 교회가 하는 짓을 비난한다. 한
마디로 어디서도, 어떤 종류의 사람에게서도 만족을 느낄 수 없다."

피프스는 밤이 깊은 줄도 모르고 암호로 자신의 일상을 기록했다. 소화가 잘 안되고 신발이 너무 꽉 낀다는 등의 불평도 토로했다. 하녀와의 일탈 행위 후에는 후회의 심정으로 아내의 침상으로 돌아갔고 무거운 마음으로 "내가 저 선량하고 가엾은 여자를 기만하다니, 그녀가 그 일로 내게 화를 낸다고 해도 신 앞에 정당할 것이다."라고 적었다.

관료답게 돈 문제에서도 꼼꼼하기 이를 데 없었다. 그의 일기장을 보면 '평생 입었던' 옷 중에서 제일 좋은 옷은 24파운드, 아내에게 선물한 진주 목걸이는 4파운드 10실링, 도금한 작은 단도는 23실링이라는 것까지도 알 수 있다. 1663년 1월 13일에는 아내 엘리자베스와 함께 집에서 열었던 파티를 마치고 저녁 식사 비용을 계산하면서 "오늘 연회비는 5파운드 가까울 것이라 생각된다."고 적었다. "첫 코스로 굴을 먹었고, 다진 토끼 고기, 양고기, 최고급 소 엉덩이 살을 내놓았다. 그 다음으로 풍성한 닭구이를 먹었는데 그 비용이 30실링이었다. 그리고 케이크와 과일, 치즈를 먹었다. 음식 맛도 좋았고 양도 푸짐했다."

1666년 9월 2일 이른 아침, 런던에서 일어난 사건은 공포 그 자체였다. 푸딩 레인에 있는 왕실 빵집에서 불이 났다. 불길은 피시 가를 타고 순식간에 런던 브리지London Bridge J4까지 내려가더니 다리 양쪽을 모두 태워 버렸다. 그러고도 바람이 워낙 강해 도시 전체로 불길이 번져 나갔다.

런던의 일상을 담은 기록

새뮤얼 피프스의 일기장에는 그날의 화재가 다음과 같이 기록되어 있다. "도시의 언덕에서 내려다보니 날이 어두워질수록 골목에서, 교회 탑 위에서, 교회와 집들 사이에서 너무나도 무시무시하고 사악한 핏빛 불길이 점점 더 활활 타올랐다. (중략) 보고 있자니 절로 눈물이 솟았다. 교회와 집들, 모든 것이 불길에 휩싸여 불바다를 이루었고 활활 타는 불길과 무너지는 집이 끔찍한 소음을 일으켰다." 불은 사흘 동안이나 계속됐다. 수천 채의 가옥과 가게, 90여 채의 교회 등 런던의 건물 대부분이 무너졌다. 세인트 폴 대성당**40** H3 역시 화마의 제물이 되었다.

재건의 막중한 임무는 옥스퍼드 대학의 천문학 교수이자 건축가 크리스토퍼 렌 경Sir Christopher Wren, 1632~1723에게 맡겨졌다. 그는 51채의 교회와 세인트 폴 대성당의 재건을 지휘했다. 세인트 폴 대성당에는 이탈리아 르네상스의 성당을 모델로 삼아 화려한 둥근 지붕을 얹었다. 지금도 그 지붕은 야간에 아래쪽에서 불을 비추면 그야말로 장관을 이룬다.

위대한 기록자 피프스는 사후에 더욱 존경받았다. 런던에 그의 이름을 딴 거리가 생겼다. 1903년에는 런던 신사 몇 사람이 새뮤얼 피프스 클럽을 창설했다. 훗날 11대 샌드위치 백작 존 홀리스터 몬터규 경이 오랜 기간 클럽 회장직을 맡았는데 피프스를 적극 후원했던 에드워드 몬터규 백작의 후손이다. 이것이 바로 노블레스 오블리주가 아니겠는가!

국립 해양 박물관
Park Row, Greenwich, London SE10 9NF
www.nmm.ac.uk
▶경전철(DLR) : 커티 사크Cutty Sark

번힐 필즈 8 J2
38 City Road, London EC1Y 1AU
▶지하철 : 올드 스트리트Old Street

세인트 폴 대성당 40 H3
St. Paul's Churchyard, London EC4M 8AD
www.stpauls.co.uk
▶지하철 : 세인트 폴스St Paul's

게오르크 프리드리히 헨델 1685~1759

영국을 점령한 독일 출신의 바로크 천재

독일 삭소니 주 할레 태생의 헨델은 당대 최고의 작곡가였다.

그는 헨리 퍼셀의 후임자로 런던에 와서 영국에 종교 음악을 선사했고

그 대가로 엄청난 돈을 벌었다.

1700년경 런던의 인구는 70만 명에 가까웠다. 1666년의 런던 대화재는
도심 대부분을 불태워 버렸다. 화재로 소실된 90여 개의 교회 중 가장 유
명한 세인트 폴 대성당**40** H3은 건축가 크리스토퍼 렌의 설계로 무려 35년
에 이르는 공사 기간을 거쳐 재건되었다. 영국의 역사를 바꿨던 장소, 커
피하우스들도 활발하게 생겨나기 시작했다. 런던 최초의 커피하우스가
1652년에 문을 연 이래로 어느덧 도시 곳곳에 600개가 넘는 커피하우스
가 생겨났다. 부상하는 시민 계급이 여가를 즐기며 소통하는 장소로 커피
하우스를 애호한 것이다.

　문학계에도 역사적으로 중요한 사건이 일어났다. 1709년, 리처드 스틸
Richard Steele이 시인이자 기자였던 조지프 애디슨과 함께 〈태틀러The Tatler〉
를 창간했고, 1711년에는 〈스펙테이터Spectator〉, 1713년에는 〈가디언The
Guardian〉을 세상에 선보이는 등 최초의 주간지들이 창간되었다. 애디슨
은 주간지 발행 이유를 다음과 같이 설명했다. "사람들은 소크라테스가

독일 할레 출신의 바로크 작곡가 게오르크 프리드리히 헨델. 그는 1726년에 영국 시민이 되었다.

철학을 하늘에서 끌어내려와 사람들 곁에 살게 했다고 한다. 나는 사람들이 나에 대해 '그는 철학을 아카데미와 학교에서 끌고 나와 클럽과 사교계, 티테이블과 커피하우스, 집과 사무실, 공장으로 가져 온 사람'이라고 말해 주었으면 하는 야망이 있다." 그의 야망은 이루어졌다. 커피하우

2천 명의 가수와 500명의 오케스트라 단원이 수정궁에서 열연했던 〈메시아〉 공연. 네그레티와 잠브라 사(Negretti and Zambra)의 동판화.

스 손님 중에는 수학자, 물리학자이자 천문학자인 아이작 뉴턴[Isaac Newton, 1642~1727]과 1726년에서 1728년까지 런던에 살았던 프랑스 계몽주의자 볼테르[Voltaire, 1694~1778]도 있었다.

1710년 독일에서 온 한 천재 작곡가 역시 런던의 지성인 무리에 합류했다. 25살의 할레 출신 작곡가 게오르크 프리드리히 헨델, 그는 얼마 전 하노버 선제후 게오르크 루트비히의 궁정 악장으로 임명된 바 있었다. 헨델은 오페라 〈로드리고Rodrigo〉, 〈아그리피나Agrippina〉로 이미 음악을 사랑하는 이탈리아 사람들의 사랑을 듬뿍 받고 있었다. 베네치아에서 〈아그리피나〉가 초연되던 날에는 맨체스터 공작 찰스 몬터규와 하노버의 선제후까지 참석했을 정도였다. 하노버의 선제후는 런던 왕가와 친척

관계였기 때문에 1714년, 앤 여왕이 서거한 후 왕위 계승법에 따라 영국 왕 조지 1세George I, 재위 1714~1727가 되었다.

유럽 각국이 헨델을 서로 모셔 가려고 안달했지만 젊은 헨델은 결국 런던을 선택했다. 런던에서 예술적 공백을 발견했기 때문이다. 1695년, '대영제국의 오르페우스' 헨리 퍼셀Henry Purcell, ?1659~1695이 36살이라는 젊은 나이에 갑자기 세상을 뜨고 만 것이다. 죽기 직전 퍼셀은 오렌지 공 윌리엄 3세의 아내인 메리 2세의 장례식에 쓸 〈메리 여왕을 위한 장례 음악Music for the Funeral of Queen Mary〉을 작곡했다. 전자 음악 버전으로 개작되어 스탠리 큐브릭Stanley Kubrick, 1928~1999 감독의 영화 〈시계태엽 오렌지A Clockwork Orange〉(1971)의 타이틀 곡으로도 사용된 이 극적 피날레의 행진곡은 듣고만 있어도 저절로 눈물이 흐른다.

헨리 퍼셀은 17세기 후반 영국에서 가장 유명한 작곡가였다. 17살이 되던 해 이미 웨스트민스터 대성당45 F5의 오르가니스트가 되었고, 1682년에는 '왕실 예배당'의 오르가니스트로 채용되었다. 그는 합창 송가와 오케스트라 송가, 독창곡은 물론이고 왕가의 축제 음악들도 작곡했다. 1689년에는 유일한 순수 오페라 〈디도와 아에네아스Dido and Aeneas〉를 썼지만 영국 사람들은 아직은 낯선 이 음악 장르에 별 호응을 보내지 않았다. 당시 영국에서는 순수 오페라보다 음악과 대사를 섞은 '세미 오페라'와 '궁중 가면극'의 전통을 이어받은 어릿광대 가면극이나 마술극의 인기가 더 높았다. 셰익스피어의 《한여름 밤의 꿈》을 모방한 퍼셀의 〈요정의 여왕The Fairy Queen〉이 대표적인 사례다. 이 작품은 1692년 5월 2일 런던 퀸즈 극장Queen's Theatre에서 초연되었다. 그날을 기념하여 지금도 사우스뱅크 센터Southbank Centre30 G4의 한 콘서트홀을 그의 이름을 따서 퍼셀 룸Purcell Room이라고 부른다.

퍼셀의 족적을 밟다

퍼셀이 갑작스레 세상을 떠나자 런던의 오페라 문화도 시들기 시작했다. 수준 있는 새 작곡가가 시급한 상황이었기에 런던이 젊은 헨델에게 손을 내밀 것은 기정사실이었다. 헨델은 피렌체, 로마, 나폴리, 베네치아에서 엄청난 성공을 거둔 후 막 독일로 돌아와 새 활동지를 물색하던 중이었다. 야망 넘치는 오페라 작곡가에게 개방적이고 자유로운 국가의 수도에서 활동하는 것이 싫을 리 없었다.

1711년 2월 24일, 헨델의 오페라 〈리날도Rinaldo〉가 헤이마켓 극장 Haymarket Theatre F4에서 초연되었다. 런던에서 처음으로 소개된 헨델의 오페라에 관객들은 열광했다. 이 작품은 15회의 공연으로 시즌 최고의 성공작이 되었다. 헨델은 하노버에 다녀오고, 할레도 한 번 찾았지만 1712년 가을부터 생활 터전과 활동 무대를 런던으로 완전히 옮겼다. 그리고 이후 10년 동안 〈충직한 양치기Il Pastor Fido〉, 〈테세오Teseo〉, 〈실라Silla〉, 〈아마디지Amadigi〉 같은 훌륭한 작품들을 연이어 발표한다.

1714년, 영국의 왕관이 신교의 왕권을 보장하기 위해 하노버의 선제후 게오르크 1세에게 넘어갔다. 헨델의 후원자였던 그가 영국 왕실과 혈연 관계였던 덕분에 영국 왕 조지 1세가 된 것이다. 조지 1세는 헨델의 급여를 두 배 인상하고 그를 공주들의 음악 선생으로 삼았다. 템스 강에서 귀한 손님들과 왕실 보트를 타고 뱃놀이할 때 들을 음악을 작곡해 달라는 부탁도 했다. 그래서 탄생한 곡이 바로 〈수상 음악Water Music〉이다.

런던에서 부자가 되다

1717년 7월 17일, 50명의 음악가가 '트럼펫, 호른, 오보에, 바순, 플루트, 블록 플루트, 바이올린, 첼로를 연주했다. 〈수상 음악〉이 무척 마음에 들

헨델 하우스 박물관. 이곳에서 헨델은 1723년에
서 1759년까지 살았다.

었던 조지 1세는 연주를 세 번이나
되풀이시켰다고 한다. 1723년 2월,
조지 1세는 헨델을 '왕실 예배당 작
곡가'로 임명하였다.

브룩 가[Brook Street E3]는 하노버 광
장과 매년 봄 헨델 축제가 열리
는 근처의 세인트 조지 교회[St George
Church E3]에서 시작해 하이드 파크 동
쪽 메이페어 구의 그로스브너 광장
[Grosvenor Square]으로 이어진다. 브룩가 25번지가 바로 헨델이 런던에서 처음
으로 살았던 집이다. 1층은 사무실과 응접실, 2층은 살롱과 음악실, 3층은
침실과 탈의실이다. 마차를 타면 그의 일터인 세인트 제임스 궁전[St James
Palace E5]과 헤이마켓 극장까지 금방 갈 수 있는 위치였다.

38세의 헨델은 턱이 두 개에 곱슬머리가 어깨까지 내려오는 살찐 남자
였다. "그는 둔하고 육중해 보였다. 하지만 그 땅딸막한 체구에서 힘과 여
유가 느껴졌다." 작가 조나단 스위프트[Jonathan Swift, 1667~1745]가 그를 본 후 한
말이다. 왜 결혼하지 않느냐는 질문에 헨델은 "음악 외에 다른 것을 할 시
간이 없습니다."라고 했다고 한다. 하지만 그 말에는 모순이 있다. 헨델은
천재적인 음악가였지만 한편으로는 타고난 투기꾼이었기 때문이다. 작
곡과 공연, 티켓 판매와 더불어 그에게 연간 최고 백만 유로라는 엄청난
돈을 벌어다 준 사업이 요샛말로 재테크였다. 그가 남긴 유산은 어림잡아

도 약 6백만 유로에 달했다고 한다. 헨델이 살았던 브룩 가^E3의 집은 현재 헨델 하우스 박물관^Handel House Museum **16** E3으로, 일반인들도 관람이 가능하다. 옆집 브룩 가 23번지 역시 박물관인데, 록 음악의 전설 지미 헨드릭스^Jimi Hendrix, 1942~1970가 1968년 여름부터 1년 동안 이곳에서 살았다고 한다.

1741년 8월 22일에서 9월 14일까지, 이 3주는 헨델의 인생에서 특별히 더 열정적인 시간이었다. 그가 서재의 책상에 앉아 유명한 오라토리오 〈메시아The Messiah〉를 작곡한 것이다. 그는 마치 신들린 사람처럼 악보를 적어 나갔다. "내가 살았었는지 죽었었는지 모르겠다. 신께서만 아실 것이다." 훗날 헨델이 당시를 회상하며 한 말이다.

"폭풍이 돛대를 붙들어 앞으로, 앞으로 밀어대는 배처럼 그는 멈출 수가 없었다. 사방이 고요한 밤이었다. 눅눅한 어둠이 거대한 도시를 묵묵히 뒤덮었다. 하지만 그의 내면에서는 빛이 휘몰아쳤고, 방은 들을 수 없는 우주의 음악으로 뒤흔들렸다." 슈테판 츠바이크^Stefan Zweig 1881~1942는 그 시간을 이렇게 묘사했다.

그러나 〈메시아〉가 교회에서 공연되기까지는 시간이 좀 걸렸다. 성경에 기초한 작품을 여성 오페라 가수들이 부른다는 이유로 교회 공연을 허락할 수 없다는 목소리가 높았기 때문이다. 1750년에야 겨우 파운들링 호스피털의 예배당을 빌릴 수 있었다. 그곳은 런던에서 가장 가난한 가정의 아이들을 수용하는 고아원이었다. 공연을 보기 위해 사람들이 물밀듯 밀려들었다. 합창단이 '할렐루야'를 노래하자 사람들은 경건한 마음으로 자리에서 일어났다. 아름다운 블룸즈버리의 브런즈윅 광장^Brunswick Square에 있는 그 건물을 지금은 파운들링 박물관^The Foundling Museum **13** F/G2이라고 부른다. 파운들링 호스피털의 역사가 감동적으로 기록된 집이다.

이처럼 헨델은 예술과 돈, 어느 면에서도 부족함이 없었지만 몸이 말썽이었다. 1750년, 그는 독일 여행 중 네덜란드에서 마차 사고를 당해 중상을 입었다. 1751년부터는 실명 위기에 처했다. 절박해진 그는 런던의 안과 의사 존 테일러를 찾아갔다. 그러나 그가 바흐^{Johann Sebastian Bach, 1685~1750}의 눈을 수술한 후 바흐가 숨을 거두어 양심의 가책을 받고 있다는 사실은 알지 못했다. 아마도 청결하지 못한 수술 기구로 인해 감염된 것으로 추정된다. 헨델 역시 테일러에게서 큰 도움을 받지 못했다. 결국 1752년 헨델은 실명했지만 오르간 연주와 오라토리오 공연은 멈추지 않았다.

헨델은 공식적인 장례식을 원치 않았다. 하지만 1726년에 영국에 귀화했기에 웨스트민스터 대성당[45] F5에 묻히고 싶어 했다. 그는 살아생전 600파운드라는 거금을 기증하여 대성당 측에 비석을 세워 달라고 부탁하기도 했었다. 헨델은 브룩 가의 자기 집에서 눈을 감았다. 1759년 4월 14일이었다. 4월 20일, 헨델의 장례식을 보기 위해 3천 명이 넘는 사람들이 웨스트민스터 대성당으로 몰려왔다. 위대한 바로크 작곡가를 마지막으로 떠나 보내는 의식이었다.

사우스뱅크 센터 **30** G4

Belvedere Rd, London SE1 8XX
www.southbankcentre.co.uk
▶지하철 : 워털루Waterloo

파운들링 박물관 **13** F/G2

40 Brunswick Square , London WC1N 1AZ
www.foundlingmuseum.org.uk
▶지하철 : 러셀 스퀘어Russell Square

헨델 하우스 박물관 **16** E3

25 Brook Street , London W1K 4HB
www.handelhouse.org
▶지하철 : 본드 스트리트Bond Street

호레이쇼 넬슨 1758~1805
엠마 해밀턴 1765~1815
바다의 영웅과 귀족 부인의 위대한 사랑

전설적인 해군 제독이자 바다의 영웅이었던 남자,

그리고 돈 많고 자상한 귀족의 아내, 비록 그 사랑의 끝은 비극이었지만

그들은 세계사에 길이 남을 유명한 연인이 되었다.

호레이쇼 넬슨, 그는 1758년 9월 29일 노픽 백작령 번햄소프에서 태어났다. 해군에 입대해 장교 교육을 받았고 북극 항해단에 참가해 북극을 탐험했으며 인도양에서 복무 중 말라리아에 걸렸다. 미국 독립전쟁 때는 네덜란드령 앤틸리스 제도에 주둔했다. 1787년에는 중미 태생의 스페인 여성 패니 니스벳과 결혼했다.

에밀리 라이언, 그녀는 1765년 4월 26일 체셔 백작령 체스터에서 태어났다. 대장장이의 딸이었던 그녀는 눈에 띄는 빛나는 외모 덕분에 12살 때부터 하녀로 일을 시작했고 귀족 유곽에서 일을 돕다가 16살이 되던 해 런던에 사는 한 남작의 집으로 들어갔다. 하지만 남작은 그녀의 임신 사실을 알고 그녀를 내쫓아 버렸다.

절망에 빠진 에밀리 라이언은 예전에 그녀를 연모하던 찰스 프랜시스 그레빌 경에게 도움을 청했다. 그가 내어 준 패딩턴 그린^{Paddington Green} C3의

영국 해군의 영웅. 부제독 호레이쇼 넬슨은 조국에 수많은 승리를 안겨 주었다. 1805년 트라팔가르 전투 역시 그의 승리였다.

작은 집에서 그녀는 아이를 낳았고 그 아이를 자기 부모에게 맡겼다. 그리고 에밀리 라이언이라는 이름을 엠마 하트로 바꿨다. 어느 날 엠마는 그레빌의 집에서 그의 삼촌 윌리엄 해밀턴을 만났다. 나폴리 궁정에 파견된 영국 대사 해밀턴은 엠마보다 35살이나 많은 홀아비였지만 그녀에게

엠마 해밀턴. 사람들은 그녀를 아름답지만 행실이 좋지 않은 여자라고 생각했다. 1803년 헨리 본이
그린 소품.

홀딱 반하고 말았다. "엠마는 건강미가 넘칩니다. 또 잠자리에서 그 어떤
감각도 불쾌하지 않은 유일한 여자라는 말씀도 덧붙여야겠군요. 아마 그
녀보다 더 부드럽고 잠자리를 잘 아는 여자는 없을 겁니다."그레빌은 사
랑에 빠진 삼촌의 귀에 이렇게 속삭였다. 이유는 뻔했다. 귀찮아진 정부
를 처리하고 싶었던 그에게 이보다 더 좋은 기회는 없었을 테니까.

엠마는 영문을 몰랐다. 그저 영국 대사가 자기 집에 놀러 오라고 초대
하기에 기쁜 마음으로 나폴리로 갔을 뿐이었다. 1786년 4월 26일은 그녀
의 21번째 생일이었다. 엠마 하트는 어머니를 모시고 귀품 있는 귀족의
영지에 발을 들여놓았다. 나폴리의 팔라초 세사Palazzo Sessa였다.

지중해의 나폴리 만에 자리한 도심의 저택은 이루 말할 수 없이 아름다
웠다. 윌리엄 해밀턴 역시 매력적인 남성이었다. 엠마는 런던에 있는 애

인에게 긴 편지를 보냈다. 하지만 그레빌은 딱 잘라 그녀를 두 번 다시 보고 싶지 않다는 뜻을 전했고, 엠마가 해밀턴의 구혼을 더 이상 거절하지 못할 것이라고 장담했다. 실제로 엠마는 해밀턴 경이 준비해 둔 무대에 올라 한껏 빛을 발했다. 해밀턴 경은 그녀를 오스트리아의 마리아 카롤리나^{Maria Carolina, 1752~1814}에게 소개했다. 오스트리아 여제 마리아 테레지아의 딸이자 프랑스 왕비 마리 앙투아네트의 언니이며 나폴리와 시칠리아의 왕비였던 바로 그 여인에게 말이다.

1791년 9월 6일, 윌리엄 해밀턴 경은 왕의 윤허를 얻어 엠마 하트와 런던에서 결혼식을 올렸다. 레이디 해밀턴이 된 엠마는 나폴리 사교계를 주름잡았을 뿐 아니라 왕비의 최측근이 되어 영국과 나폴리-시칠리아 왕국간 외교에도 큰 영향력을 행사했다.

넬슨과 해밀턴 부부의 만남

1793년, 그해 9월에 전함 '아가멤논'이 나폴리 만에 닻을 내렸다. 영국인 함장의 이름은 호레이쇼 넬슨이었고 해밀턴 경에게 급한 전갈을 전해야 할 상황이었다. 나폴레옹 보나파르트의 함대가 툴롱 항구를 노리고 있기 때문에 영국과 스페인 연합군의 군사력을 보강해야 하고, 그러자면 나폴리의 국왕이 툴롱으로 군대를 파견해야 한다는 내용이었다.

두 남자는 첫눈에 서로 호감을 느꼈다. 넬슨은 해밀턴을 '진짜 귀족'이라고 평했고, 해밀턴 역시 넬슨의 자연스러운 권위와 청렴함이 마음에 들었다. 넬슨과 헤어지고 집으로 돌아온 해밀턴은 아내에게 나중에 어떤 남자를 소개해 주겠노라고 말했다. 외모는 대단하지 않지만 분명 언젠가 세상을 깜짝 놀라게 할 사람이라는 말도 덧붙였다. 호레이쇼 넬슨은 다시 출항했고 전투는 계속되었으며 그 와중에 오른쪽 눈과 오른팔을 잃었다.

그리고 나폴리에서 두 남자가 다시 만나게 되기까지는 5년이라는 적지 않은 시간이 필요했다.

빈 오른쪽 소매를 늘어뜨린 채 제복을 입은 땅딸막한 남자의 초상화는 보는 이의 가슴에 야릇한 감동을 안긴다. 그의 초상화는 전 세계 해양사 박물관 중 가장 규모가 큰 런던 국립 해양 박물관과 런던 박물관^{Museum of London}**24** H3, 국립 초상화 미술관**25** F4에서 관람할 수 있다. 국립 초상화 미술관에는 매력적인 레이디 해밀턴의 초상화도 걸려 있다. 그녀의 초상화를 많이 그렸던 조지 롬니는 그녀를 '천상의 여인'이라며 찬양했다.

1798년 1월, 넬슨이 나폴리에 도착했다. 지중해 함대의 지휘권을 넘겨받았기 때문이었다. 8월 초, 그는 나일 강 입구의 아부키르 만에서 프랑스 함대를 무찔렀다. 레이디 해밀턴의 외교적 수완도 넬슨의 승전에 큰 몫을 했다. 시라쿠스에 있던 넬슨의 배에 전투에 필요한 식량과 무기를 전달하도록 나폴리 왕실을 움직인 사람이 바로 그녀였던 것이다.

나일 강의 영웅이 나폴리 만에 입항하자 환호성이 터져 나왔다. 갑판에 제일 먼저 발을 디딘 사람은 누구였을까? 바로 엠마 해밀턴이었다. 사흘 후 넬슨은 아내 패니에게 다음과 같은 편지를 보냈다. "정말로 감동적인 만남이었소. 레이디 해밀턴이 이렇게 외쳤거든. '세상에 이럴 수가.' 그러고는 쓰러지듯 내 품에 안겼다오."

실크 드레스를 입은 숙녀들과 연회복을 입은 신사들. 해밀턴 부부가 환하게 등을 밝힌 자신들의 저택으로 수백 명의 손님을 초대했다. 모든 정황상 호레이쇼 넬슨과 엠마 해밀턴은 그날 밤 연인이 되었을 가능성이 매우 높다.

또 다시 나폴레옹이 말썽을 부렸다. 나일 삼각주에서 그렇게 참패를 당했으면서도 1799년 로마 공화국을 외치며 나폴리를 점령한 것이다. 왕가

1805년 트래펄가 광장에 세워진 호레이쇼 넬슨 기념탑.

는 넬슨의 배를 타고 팔레르모로 피신했다. 엠마 해밀턴은 왕가의 피신을 도왔고 뱃멀미에 시달리는 사람들을 정성껏 보살폈다. 넬슨은 그 모습에 감동했고 그녀가 고마웠다. 해군 본부의 명령에 따라 넬슨은 팔레르모의 해밀턴 부부의 집에 몇 주 더 머물렀다. 해밀턴 경이 아내와 넬슨의 사이를 눈치챘을까? 그사이 나폴리는 되찾았지만 1800년 여름, 해밀턴 부부와 넬슨 함장은 이탈리아에 완전히 작별을 고하고 빈, 드레스덴, 함부르크를 거쳐 영국으로 돌아왔다. 11월 초 아부키르 만의 영웅은 환영을 받으며 야머스에 도착했다.

엠마 해밀턴은 만삭이었다. 1801년 1월, 그녀는 딸을 낳았다. 넬슨은 "아기 이름을 호레이시아라고 지었으면 좋겠다."는 뜻을 전했다. 엠마는 아이를 1주일 동안 집에 데리고 있다가 유모에게 데려다주었다. 해밀턴 경의 반응은 어땠을까? 적어도 호기심은 아니지 않았을까.

공원 안에 자리 잡은 팔라디오 양식의 벽돌집 한 채는 하이드 파크^{Hyde} Park B-D4/5에서 마차로 한 시간 거리였다. 1801년 여름, 넬슨은 머튼 플레이스 농장을 구입했고 엠마가 그곳을 잘 꾸몄다. 넬슨이 시골의 큰 집에서 산다는 소식에 런던의 경쟁자들이 분노했다. 넬슨은 런던에 갈 일이 있을 땐 피커딜리 가$^{Piccadilly\ Street\ E4}$ 23번지 해밀턴 부부의 집에서 묵었다. 어디를 가건 셋은 꼭 붙어 다녔다.

그럼 넬슨의 아내 패니는 어떻게 되었을까? 그녀는 남편에게 편지를 써서 돌아오라고 애원했다. "다 잊혀질 겁니다. 꿈인 듯 지나갈 것입니다. 제 말을 믿으세요. 당신의 아내로부터." 넬슨은 실수로 편지를 뜯었지만 읽지도 않은 채 아내에게 돌려보냈다.

그런데 예상치 못했던 일이 일어났다. 73세의 해밀턴 경이 머튼 플레이스에 다니러 왔다가 그만 의식을 잃고 쓰러진 것이다. 뇌졸중이었다. 1803년 4월 6일 아침, 해밀턴 경은 엠마의 품에서 숨을 거두었다. 넬슨이 그의 손을 잡고 있었다. 이제 엠마는 남편 집을 비워 줘야 했다. 모든 재산이 조카 그레빌에게 상속되었기 때문이다. 엠마는 상당한 액수의 연금을 비롯해 해밀턴의 공을 높이 산 영국 정부로부터 퇴직 연금도 받았지만 그 것으로는 턱없이 모자랐다. 워낙 사치스러운 생활에 젖어 있었기 때문이다. 넬슨도 물질적으로 지원했지만 엠마의 상황은 나빠져만 갔다.

제독의 승리와 죽음

1805년 여름, 다시 소집령이 내렸다. 지친 기색이 역력한 넬슨은 얼마 전 자작 칭호를 받았고, 8월 중순에서 9월 중순까지 머튼 플레이스에서 엠마와 입양 딸 호레이시아와 함께 휴가를 보냈다. 하지만 정열적인 애인을 남겨 두고 전장으로 향할 수밖에 없었다. 엠마는 그사이 심하게 몸이 불었고 얼굴에도 알코올의 흔적이 역력했지만 여전히 아름다웠다.

1805년 9월 14일, 호레이쇼 넬슨은 포츠머스에서 전함 '빅토리아'에 올랐다. 그리고 2주 후 스페인 해안의 카디스에 도착했다. 10월 21일, 넬슨은 트라팔가르 해전에서 프랑스-스페인 연합 함대를 무찌르고 대승을 거두었다. 그러나 프랑스 사수의 총알이 그의 몸에 치명상을 입혔다. 그의 시신은 브랜디 통에 담겨져 런던으로 이송되었다.

런던의 도심, 번잡한 트래펄가 광장^{F4}에 가면 도심 위로 50미터 이상 우뚝 솟은 제복 차림 실물 크기의 넬슨 제독을 만날 수 있다. 이 넬슨 기념비^{Nelson's Column} **27** F4는 나폴레옹 치하의 프랑스를 무찌르고 바다에서 대영제국의 패권을 지켰던 영국의 영웅을 기억하기 위한 것이다.

1806년 1월 초, 넬슨 경의 장례식이 세인트 폴 대성당 **40** H3에서 장엄하게 열렸다. 그 자리에 엠마 해밀턴은 참석할 수 없었다. 넬슨은 조국이 그의 연인과 딸 호레이시아를 잘 보살펴 줄 것이라 믿었지만 영국 외무성은 넬슨의 청을 무시하고 엠마를 돌보지 않았다. 엠마는 결국 딸을 데리고 영국을 떠났다. 빚에 시달리는 병든 몸으로 레이디 해밀턴은 50세가 되던 해에 프랑스 칼레에서 숨을 거두었다.

국립 해양 박물관
Park Row, Greenwich, London SE10 9NF
www.nmm.ac.uk
▶경전철(DLR) : 커티 사크Cutty Sark

넬슨 기념비 27 F4
Trafalgar Square, Westminster, London WC2N 5DN
▶지하철 : 채링 크로스Charing Cross

런던 박물관 24 H3
150 London Wall, London EC2Y 5HN
www.museumoflondon.org.uk
▶지하철 : 바비칸Barbican

세인트 폴 대성당 40 H3
St. Paul's Churchyard, London EC4M 8AD
www.stpauls.co.uk
▶지하철 : 세인트폴스St Paul's

William Turner

윌리엄 터너 1775~1851
색채와 빛의 마술사

그는 안개 도시의 그림자를 그린 화가였다. 그림을 주문한 고객들에게
말을 전하라고 일렀다. "가서 전하시오. 모호함이 내 장기라고."
오늘날 그의 그림 가격은 수백만 달러에 이른다.

1834년 10월 16일 밤, 웨스트민스터의 자그마한 세인트 마거릿 교회 **45** F5
에서 종소리가 급하게 울렸다. 화재 경보였다. 타닥거리며 튀는 환한 불
꽃이 런던 하늘을 뻘겋게 물들였다. 활활 타오르던 불길은 웨스트민스터
국회 의사당 **29** F5 지붕을 뚫고 솟구쳤다. 사방에서 웨스트민스터 브리지
Westminster Bridge F/G5 방향으로 몰려든 사람들은 거대한 불길이 순식간에 성
벽을 타고 런던을 집어삼키는 광경을 지켜보았다. 윌리엄 터너 역시 종소
리에 잠이 깼고 서둘러 미술 도구가 든 작은 배낭을 메고 템스 강가로 달
려가 불구경을 했다. 여러 장의 종이에 수채화 물감으로 급히 그린 스케
치들은 그 화재의 장관을 모든 각도에서 잡아 냈다.

　1년 후 완성된 그 그림에는 〈국회 의사당 화재The Burning of the Houses
of Lords and Commons〉(1835)라는 제목이 붙었다. 가로세로 80센티미터
정도 크기의 캔버스에 폭포수처럼 흘러내리는 다채로운 빛의 물결. 의사
당의 불타는 탑들은 템스 강 물에 비친 환한 황금빛에 둘러싸여 마치 환

그림을 그리고 있는 윌리엄 터너. 동료 존 길버트(1817~1897)가 제작한 목판화다.

영처럼 어른거리고, 웨스트민스터 브리지 아래에 떠 있는 몇 척의 배는 흐릿하여 잘 알아볼 수가 없다. 그림 앞쪽으로는 구경나온 사람들의 머리가 줄줄이 이어진다.

　이 작은 그림과 그 습작들은 웨스트민스터 남쪽에 자리한 영국 국립 미

윌리엄 터너의 〈국회 의사당 화재〉. 터너는 이 화재를 주제로 많은 그림을 그렸다.

술관 테이트 브리튼Tate Britain **41** F6이 소장한 방대한 윌리엄 터너 컬렉션의 일부다. 미술관에는 이 작품 외에도 터너가 그린 약 300점의 유화와 1만 9천 점의 수채화 및 스케치가 보관되어 있다.

1799년에 윌리엄 터너가 그린 〈자화상〉 속 24살의 젊은 그는 프록코트를 입고 목에 실크 스카프를 두르고 있다. 프랑스 화가 들라크루아가 보았던 '검은 옷에 헐렁한 신발, 거칠고 불친절한 매너, 세련되지 못한 영국 농부'의 딱지를 뗀 지 오래였다.

코번트 가든F4의 메이든 레인에서 이발사이자 가발 제작자의 아들로 태어난 그는 이미 화가로 큰 성공을 거두었다. 미술 비평가 존 러스킨은 그를 만난 후 다음과 같이 평가했다. "세련된 매너를 갖춘 약간은 괴팍하고 냉철한 매우 영국적인 신사를 만났다."

터너의 스케치북을 들여다보면 그가 여행을 많이 했다는 사실을 금세 알 수 있다. 터너는 젊은 시절부터 브리튼 제도, 북 웨일스, 남 웨일스, 요크셔, 스코틀랜드, 켄트, 와이트 섬 등지를 여행했다. 그 후로도 유럽 대륙, 프랑스, 이탈리아를 탐방했다. 또 터너는 자주 자연을 찾아 다양한 자연 현상들을 관찰했다. 구름 위의 빛, 자욱한 물안개, 하늘과 바다의 움직임 그리고 청색, 적색, 황색이 추상화처럼 서로 뒤엉킨다. 터너의 아버지는 일찍부터 재능 있는 아들의 그림을 자신의 이발관 쇼윈도에 자랑스럽게 진열해 놓고 팔았다고 한다.

천재의 탄생

터너는 어릴 적부터 그림을 잘 그린다는 소리를 많이 들었다. 14살이 되던 해에는 이미 왕립 미술학교로부터 입학 허가도 받았다. 1796년부터는 런던에서 가장 유명한 미술 아카데미인 로열 아카데미Royal Academy of Arts[34] E4가 매년 여름 개최하는 전시회에 참가했고, 결국 아카데미 회원이 되었다. 화가의 이름에 붙는 로열 아카데미의 이니셜 R.A.이야말로 화가로서의 출세를 보장하는 증서와 같은 것이었기 때문이다.

터너는 그 여름 전시회에 유화 〈바다의 어부들Fishermen at Sea〉을 출품했다. 와이트 섬 앞 먼 바다의 밤 풍경이었다. 미술 평론가들은 당황했고 관람객들은 중얼거렸다. "천재야, 천재!" 위대한 바다의 화가가 탄생했다. 1802년, 윌리엄 터너는 로열 아카데미의 정식 회원이 되었다.

지금도 런던 벌링턴 하우스Burlington House에서 열리는 유서 깊은 로열 아카데미의 '여름 전시회'는 엄청난 관람객들이 몰려드는 세계 최대 규모의 전시회다. 참가비 25파운드만 내면 국제적으로 유명하건 아마추어건 누구나 그림을 출품할 수 있다. 벼룩시장 분위기와 별반 다르지 않지만 안

목만 있으면 싼값에 꽤 괜찮은 그림을 손에 넣을 수 있다.

터너의 다음 목표는 파리였다. 그는 루브르 박물관에서 위대한 화가들의 그림을 관람했고 센 강, 루아르 강, 론 강변에 체류했다. 그리고 베네치아로 떠나 이른 아침의 물의 도시를 그렸다. 형체는 허물어지고 빛과 순수한 색만 남은 그림들이었다.

일생 동안 곁을 지키며 끼니를 챙겨 주고 캔버스를 매어 주던 아버지의 죽음은 터너에게 실로 큰 충격이었다. 1829년부터는 퀸 앤 가^{Queen Anne Street}에 있던 자신의 스튜디오에도 거의 발길을 끊었다. 대신 그는 친구이자 후원자였던 조지 윈덤이 자신의 영지에 마련해 준 작은 아틀리에에서 많은 시간을 보냈다. 1830년에 그린 〈패트워스 파크, 저 멀리 틸링턴 교회 Petworth Park: Tillington Church in the Distance〉에는 해 질 무렵 평화로운 마법에 잠긴 공원의 모습이 아름답게 담겨 있다.

천정부지로 치솟은 그림 값

다시 길을 나섰다. 이번에는 스위스였다. 터너를 찬양했던 미술 평론가 존 러스킨의 추측대로라면 '풍경에서 새로운 힘과 창작욕'을 얻기 위해서였다. 화가는 라인 강, 루체른, 콘스탄츠의 자연을 그림에 담았다. 그러나 아름다운 풍경에 드리운 산업 혁명의 흔적 역시 외면하지 않았다. 인공 운하와 공장의 굴뚝, 가마와 증기선이 새 시대의 개막을 예고했다.

1845년, 어느덧 일흔이 넘은 터너는 거의 영국을 떠나지 않았다. 런던 바깥으로도 잘 나가지 않고 사교계와도 점점 거리를 두었다. 대신 첼시에 집을 한 채 구입해 오랜 세월 그와 함께 동고동락한 소피아 부스와 함께 그 집으로 들어갔다. 소피아 부스는 터너가 처음으로 집에 들인 여자였다. 템스 강 근처 체인 워크^{Cheyne Walk}에 자리한 집의 지붕에 올라 터너

윌리엄 터너의 유화, 수채화, 스케치 등 그의 작품 대부분을 소장하고 있는 테이트 브리튼.

는 하늘과 강 그리고 배를 관찰했다. 생의 마지막을 지켜본 한 친척의 말에 따르면 그는 "정신적으로는 예전과 다를 바 없이 총명했다."고 한다.

1851년, 윌리엄 터너는 76살의 나이로 세상을 떠났다. 당시만 해도 아직 많은 사람들이 그를 대단한 화가이기는 하지만 그의 그림을 이해하기는 힘들다고 생각했다. 특히 만년에 그린 유화들은 공간, 빛, 색, 동작이 매우 추상적이었다. 소설가 윌리엄 새커리는 터너가 '부조리와 숭고' 사이를 오갔다고 평했고, 또 다른 비평가는 그의 그림 〈눈 폭풍Snow Storm〉을 '비눗물과 석회 탄 물'이라고 혹평했다. 그러나 오늘날 터너는 미술 시장에서 가장 인기 있는 고전 화가다. 그가 두 번째로 로마를 찾았을 때 그린 〈모던 로마-캄포 바치노Modern Rome–Campo Vaccino〉(1839)는 로스앤젤레스에서 약 5천만 달러에 경매되었다.

영국에는 그의 이름을 딴 미술상도 있다. 해마다 59살 이하의 현대 미

술가에게 수여하는 '터너 상'은 영국에서 가장 권위 있는 미술 상 중 하나
이며 시상식은 테이트 브리튼[41] F6에서 열린다. 이 미술관의 이름은 원래
테이트 갤러리였는데 건축가 자크 헤르조그Jacques Herzog, 1950~ 와 피에르 드
뫼롱Pierre de Meuron, 1950~ 이 문 닫은 뱅크사이드 화력 발전소를 개조해 2000
년 5월, 테이트 모던Tate Modern H4 미술관을 열자 이름을 테이트 브리튼으
로 바꾸었다.

존 컨스터블과 라이벌이 되다

터너와 함께 테이트 브리튼을 대표하는 화가인 존 컨스터블John Constable,
1776~1837은 터너보다 1살 연하로 고향의 아름다운 풍경을 화폭에 담은 풍
경화의 대가다. 빅토리아 앨버트 박물관Victoria & Albert Museum [44] C5은 심지어
존 컨스터블의 컬렉션 전체를 소장하고 있다.

터너와 컨스터블 두 사람은 원래 라이벌이었지만 1832년의 대결은 가
히 전설적이다. 1829년 로열 아카데미[34] E4의 회원이 된 존 컨스터블이
여름 전시회에 출품한 〈워털루 다리의 개통식The Opening of Waterloo
Bridge〉이 터너의 작은 바다 그림 〈헬러봇슬라우스Hellevoetsluis〉와 한 전
시장에 나란히 걸린 것이다. 전시회 측은 개막을 하루 앞두고 화가들에게
원한다면 작품을 수정할 수 있게 허락했다. 존 컨스터블은 쉬지 않고 작
품에 손을 댔지만 터너는 회청색 그림의 한 중간에 작은 빨간 점 하나만
찍었다. 만인의 관심을 끌어당길 부표였다. 그러자 컨스터블이 이렇게 외
쳤다고 한다. "터너가 이곳에 들러 권총 한 발을 발사했다."

1819년, 존 컨스터블은 아내와 함께 도심에서 6킬로미터 떨어진 햄스
테드로 이사했다. 언덕과 풀밭, 숲으로 에워싸여 시골 분위기가 물씬 풍
기는 런던의 부촌이었다. 햄스테드 히스의 북쪽에 위치한 켄우드 하우스

Kenwood House는 온실과 화려한 도서관을 갖춘 신고전주의 양식으로 한 번쯤 들러볼 만한 명소다. 이곳 갤러리에는 터너와 컨스터블, 네덜란드 화가들의 작품 이외에도 영국 낭만주의 화가이자 영국 풍경화의 개척자 토머스 게인즈버러Thomas Gainsborough, 1727~1788의 작품들도 전시되어 있다.

게인즈버러는 일찍부터 네덜란드의 풍경화에 심취했고, 훗날에는 프랑스 화가 장앙투안 바토Jean-Antoine Watteau, 1684~1721와 장 오노레 프라고나르Jean Honoré Fragonard, 1732~1806의 영향을 많이 받았다. 게인즈버러의 그림에는 우아한 로코코 양식의 의상을 입은 인물들 뒤로 부드럽고 환한 색조로 채색된 전형적인 영국의 전원적 풍경이 펼쳐져 있다. 오늘날 브루 하우스 카페의 정원 테라스에서 크림 티와 스콘을 즐기는 켄우드 하우스 관광객들의 눈앞에 펼쳐진 풍경과 조금도 다를 바 없는 풍경이다.

로열 아카데미(벌링턴 하우스) 34 E4

Burlington House, Piccadilly, London W1J 0BD
www.royalacademy.org.uk
▶지하철: 피커딜리 서커스Piccadilly Circus

빅토리아 앨버트 박물관 44 C5

Cromwell Road, Knightsbridge, London SW7 2RL
www.vam.ac.uk
▶지하철: 사우스켄징턴South Kensington

켄우드 하우스

Hampstead Ln, Hampstead, London NW3 7JR
www.english-heritage.org.uk
▶지하철: 하이게이트Highgate

테이트 브리튼 41 F6

Millbank, London SW1P 4RG
www.tate.org.uk
▶지하철: 핌리코Pimlico

조지 고든 노엘 바이런 1788~1824

잘생긴 외모에 뛰어난 재능까지 겸비한 신들의 총아

매력적인 청년 바이런에게는 발이 기형이라는 작은 결점 하나가 있었다.

그럼에도 그는 탁월한 문학적 재능으로 수많은 여인들의 마음을 흔들었다.

"어느 날 아침에 눈을 뜨니 유명해져 있었다." 그가 남긴 유명한 말이다.

피커딜리 서커스의 서쪽 리젠트 가^{Regent Street}에서 왼쪽으로 꺾으면 작은 비고 가^{Vigo Street}가 나온다. 그 거리 끝에 벌링턴 가든스^{Burlington Gardens}라는 좁은 골목이 있다. 관광객이라면 누구나 그곳의 유명한 올버니^{Albany} **3** E4 아파트의 검게 칠한 정문으로 들어가 귀품 넘치는 집 안을 둘러보고 싶은 마음이 굴뚝같을 것이다. 그러나 문은 굳게 닫혀 있고 주민의 소개장이나 초대장이 있는 사람만 출입이 허락된다.

안타깝다. 기념물 보호 관리를 받고 있는 그 자그마한 건물은 1803년에 지어졌다. 유명한 런던 법학원 인스오브코트^{Inns of Court}나 옥스퍼드 대학, 케임브리지 대학과 더불어 조지아 양식을 대표하는 건축물이다. 부자 동네 세인트 제임스의 이 '독신자용 아파트'에는 이름이 말해 주듯 혼자 사는 돈 많은 신사들만 살 수 있고 외부의 소음은 완전히 차단된다. 그 때문에 오스카 와일드, 헨리 제임스, 윌리엄 버틀러 예이츠, 윈스턴 처칠 등 수많은 유명 작가와 배우, 정치가들이 이곳에서 살았다. 여성도 몇 명 있는

재기발랄한 멋쟁이였던 젊은 시절의 조지 고든 노엘 바이런의 동판화.

데 다이애나 비도 그중 한 사람이었다.

그곳에 살았던 또 한 사람의 유명 시인 조지 고든 노엘 바이런은 1788
년 1월 22일 런던에서 태어났다. 바이런 경으로 더 많이 알려진 그는 흔히
영국 후기 낭만주의 혹은 '어두운 낭만주의'라 불리는 시대를 대표하는

요란스럽지는 않지만 우아한 아파트망. 돈 많은 신사들이 주로 살았던 이 올버니의 아파트망에서 한때 바이런 경도 살았다.

시인이다. 그의 어머니는 스코틀랜드 귀족이었고 아버지는 영국군 장교였다. 아버지는 전처 소생의 딸 오거스타를 데리고 어머니와 재혼했고 바이런이 세 살 되던 해 세상을 떠났다. 바이런은 조각가들이 탐낼 정도로 두상이 잘생긴 소년이었다. 그러나 안타깝게도 발이 기형이었다. 그가 걸어가면 거지들이 히죽거리며 그의 절름발이 걸음을 흉내 내며 따라왔다.

바이런은 스코틀랜드 애버딘에서 과부가 된 어머니에게 과잉보호를 받으며 자랐다. 열 살 되던 해 큰할아버지가 세상을 떠나면서 그에게 로치데일의 바이런 남작이라는 귀족 칭호와 막대한 담보가 잡힌 노팅엄 백작령의 뉴스테드 아베이 성을 물려주었다. 성년이 되면 상원 House of Lords **29** F5의 의원직도 그에게 배정된다.

어린 시절 그는 주로 상류층 자제들이 다니는 사립 중등학교인 퍼블릭

스쿨 두 곳을 다니면서 라틴어와 그리스어를 배웠다. 장애가 있음에도 불구하고 크리켓을 즐겼으며 무엇이든 새로운 것에 큰 관심을 보였다. 1805년에는 케임브리지 트리니티 대학에 입학했고, 1809년에는 마침내 그토록 바라던 유럽 여행 '그랜드 투어'에 올랐다. 포르투갈, 스페인, 몰타, 그리스를 거쳐 소아시아 해안까지 진출한 바이런은 두 달 동안 콘스탄티노플에서 지냈다. 1810년 7월에는 다시 아테네로 돌아와 1811년 봄까지 그리스에서 묵었다. 그는 이 기간 동안 여행하며 공부도 하고 글도 썼다.

런던으로 돌아오는 그의 가방엔 많은 시가 들어 있었다. 그중에는 《차일드 해럴드의 편력Child Harold's Pilgrimage》 1, 2권도 있었다. 그는 1812년 3월 10일에 두 권의 시집을 발표했는데 하룻밤 사이에 유명 인사가 되었다. 젊고 잘생기고 우아하고 거만하고 괴팍한 잘나가는 시인. 여자들은 그의 얼굴을 보자마자 감격에 겨워 혼절했다. 바이런과의 스캔들로 유명한 기혼녀 레이디 캐롤라인 램 역시 바이런에게 열광하였던 수많은 여성들 중 한 명에 불과했다. "이 잘생긴 창백한 얼굴이 내 운명이 될 것이다." 그녀는 바이런과 처음 만난 날 그렇게 외쳤다고 한다.

그리움의 시인이 되다

이성을 믿었던 계몽주의는 한물갔다. 감정이 다시 인간의 가장 중요한 능력으로 부상했다. 바이런은 시대의 영웅이었고 바이런주의는 당대를 휩쓴 삶의 정서였다. 세계를 최대한 강렬하게 경험하는 것이 삶의 목표가 되었다. 그리고 이런 강렬함을 경험하려면 세계를 문학화, 시화詩化해야 한다. 고독한 사람, 세상에 절망한 아웃사이더, 시인의 자아실현은 시민사회 밖에서만 가능하다. 1813년 여름, 바이런은 오랜 이별의 시간 끝에 이복누이 오거스타를 다시 만났다. 그사이 그녀는 조지 리와 결혼했지만 함께 살지는 않는 상태였다. 남매가 서로에게 느낀 것이 가족애 이상이었다는 사실에는 의심의 여지가 없다. 바이런은 오거스타에게 바치는 사랑의 시를 수없이 써댔고 옛 친구 레이디 멜버른에게도 누이에 대한 자신의 감정을 솔직하게 털어놓았다.

그들의 사랑은 쉽게 끝나지 않았다. 1814년 4월, 오거스타가 딸 엘리자베스 메도라를 낳았다. 아마도 바이런의 아이였을 것이다. "그 비정상적인 열정이 내 최고의 열정이었습니다." 훗날 그는 레이디 멜버른에게 이렇게 고백했다. 바이런이 세상을 떠난 후 오거스타 리는 동생과 관련된 개인적인 기록을 모조리 없애 버렸다.

아내를 집에서 내쫓다

바이런은 문학적으로는 성공했지만 삶은 순탄치 못했다. 빚이 가장 큰 문제였다. 물려받은 뉴스테드 아베이 성을 팔았지만 빚을 다 갚을 수 없을 정도였다. 얼른 결혼해 명성에 해가 되지 않게 하라는 레이디 멜버른의 충고에 따라 레이디 멜버른의 조카딸 애너벨러 밀뱅크와 결혼하였다. 그리고 1815년 12월 10일에 오거스타 에이다가 태어났다. 하지만 불과 몇 주 후 부부는 크게 싸웠고 바이런은 아내를 집에서 내쫓았다. 금세 후회했지만 돌이킬 수 없었다. 법원의 판결에 따라 그는 아내와 딸, 남은 재산의 절반을 잃었다. 런던의 사교계는 황당하다는 반응을 보였고 잘생긴 시인의 방탕한 행실을 비난했다. 더는 영국에 살 이유가 없었다. 1816년 4월 25일, 그는 영국 땅을 영원히 떠났다. 처음으로 그가 택한 거처는 제네바 호숫가였다.

그런데 그가 도착하기 얼마 전 영국의 유명한 서정시인 퍼시 비시 셸리
Percy Bysshe Shelley, 1792~1822 도 그곳으로 거처를 옮겼다. 바이런과 더불어 영국

베넷 가에 있는 세인트 제임스의 바이런 하우스. 1912년 존 에드콕이 그린 일러스트.

낭만주의를 대표하던 거장 시인이었다. 부유한 귀족 가문에서 태어나 이튼 칼리지를 졸업한 셸리는 산업화에 따른 영국의 정치적, 경제적 문제를 비판했다는 이유로 옥스퍼드 대학에서 퇴학당했다. 그 후 19살의 메리 울스턴크래프트와 결혼식을 올린 후 1816년에 런던을 떠났다. 일단 스위스로 망명한 후 베네치아, 로마, 피사 등지를 떠돌다가 라스페치아 만의 산 테렌조에 터를 잡았다.

바이런과 셸리는 제네바 호숫가에서 처음으로 만났다. 그 자리에는 셸리의 아내와 그녀의 이복 자매 클레어 클레어몬트도 함께 했다. 클레어와 바이런의 정사는 1817년 1월 12일 딸 알레그라의 출생으로 이어졌다.

바이런의 다음 목적지는 베네치아였다. 그는 그곳에 약 2년을 머물렀는데 집주인이자 빵집 주인의 아내와 벌인 정사는 아주 풍성한 문학적 열매를 맺었다. 그곳에서 《차일드 해럴드의 편력》3권과 《돈주앙 Don Juan》 1권이 탄생했다.

1819년 봄에는 기혼녀 백작 부인 테레사 귀치올리와의 사랑이 시작되었다. 그녀는 카르보나리의 이탈리아 분리 독립 운동에 적극적으로 참여한 젊은 여성 활동가였다. 바이런은 1819년 말, 그녀를 따라 라벤나에 있던 귀치올리 백작의 성으로 갔고 그녀의 가족과 함께 민족주의 혁명 활동에 동참했다.

그사이 서른 살의 셸리는 중병이 든 존 키츠^{John Keats, 1795~1821}를 스페인 광장의 자기 집으로 맞아들였다. 안개가 짙은 런던보다는 남쪽의 공기가 결핵 환자에게 도움이 될 것이라는 판단 때문이었다. 그러나 키츠는 결국 1821년 2월 23일, 26살의 젊은 나이로 로마에서 숨을 거두고 만다.

키츠와 셸리와 친구가 되다

런던 북쪽, 전원적인 햄스테드에 자리한 키츠 하우스는 오스카 와일드의 표현대로 '신을 닮은 청년', '우리 시대의 진정한 아도니스'를 추억할 수 있는 곳이다. 이곳에서 유명한 시집 《나이팅게일에게Ode to a Nightingale》와 《우울에 대한 송가Ode on Melancholy》가 탄생했고, 그 외에도 아름다움과 삶의 무상함, 죽음을 노래한 수많은 시들이 태어났다.

키츠는 셸리, 바이런과 더불어 영국 낭만주의를 대표하는 서정 시인이다. 현재 키츠 하우스에는 그가 남긴 원고와 편지, 일기 등이 고이 보관되어 있다. 또 그곳에 있는 약혼반지는 패니 브론을 향한 위대한 사랑을 입증하는 증거다. 키츠가 죽은 후 그들이 주고받았던 편지가 세상에 공개되자 빅토리아 시대의 사교계가 한바탕 들썩거렸다고 한다.

1822년 봄, 바이런은 기쁜 소식을 들었다. 장모인 레이디 노엘 밀뱅크가 그에게 재산의 절반을 물려주었다는 소식이었다. 34살이 된 바이런은 그 돈으로 빚을 다 갚았고 가족은 물론 저널리스트이자 에세이스트인 제임스 헨리 리 헌트까지 자기 집으로 불러들여 부양했다. 리 헌트는 훗날 조지 6세가 된 당시의 왕자를 비방하는 글을 써서 2년 동안 투옥된 경험이 있었다. 자유주의자 바이런이 헌트를 영웅으로 찬양했음은 물론이다.

같은 해 1822년 바이런과 헌트는 뜻이 같은 셸리를 만나러 로마의 스페인 광장으로 향한다. 세 사람이 힘을 합쳐 정기간행물《더 리버럴*The Liberal*》을 발행하기로 마음먹은 것이다. 하지만 계획은 성사되지 못했다. 이제 갓 서른을 넘긴 셸리가 비아레조 해변에서 요트를 타다가 그만 물에 빠져 익사하고 말았던 것이다.

바이런은 친구를 땅에 묻고 그리스로 향한다. 모든 재산과 에너지를 터키에 점령당한 그리스를 해방시키는 것에 바칠 생각이었다. 노력 끝에 메솔롱기온에서 분열된 그리스인들을 단합시키는 데에는 성공했다. 그러나 레판토 전투를 앞둔 1824년 4월 19일, 바이런은 뜻밖에도 폐렴에 걸려 갑자기 숨을 거두고 만다. 온 그리스가 그를 애도했다. 바이런의 나이 불과 36살이었다. 그리움을 시의 모티브로 삼았던 위대한 시인은 그렇게 어이없게 세상과 작별을 고했다.

언젠가 그는 이렇게 말했다. "삶의 본질적 감각은 감정이다. 비록 고통을 통해서라도 우리가 존재한다는 것을 느끼는 것. 놀고 싸우고 여행하고, 열정적으로 행동하라고 우리를 내모는 것은 '그리움으로 가득한 공허'다."

올버니 3 E4

Piccadilly, Mayfair, W1
▶지하철 : 피커딜리 서커스Piccadilly Circus

키츠 하우스

10 Keats Grove, London NW3 2RR
www.keatshouse.cityoflondon.gov.uk
▶지하철 : 벨사이즈 파크Belsize Park

찰스 디킨스 1812~1870
19세기의 가난을 낱낱이 기록한 증인

영국의 유명 작가 찰스 디킨스는 가난하고 정글 같은 도시 런던을
묘사하였다. 그의 소설들은 특히 착취당하는 어린아이들을 주인공 삼아
잔혹한 사회 시스템을 고발한다.

런던 도티 가 48번지48 Doughty Street에 위치한 찰스 디킨스 박물관, 그곳 카
페에 들러 얼그레이 한 잔과 바닐라 아이스크림, 생크림을 곁들인 초콜릿
케이크 한 조각을 맛나게 먹어도 좋을 것 같다. 그런 후 집주인의 생일을
기념해 수리를 끝낸 10개의 방을 천천히 둘러보다가 엄청난 양의 책이 꽂
힌 서가에서《올리버 트위스트Oliver Twist》를 찾아 슬쩍 읽어 보는 것은
또 어떨까?

   찰스 디킨스, 그는 얼마나 자주 이사를 다녔던가! 이곳은 그가 런던에
서 15번째로 이사한 집이다. 지금은 찰스 디킨스 박물관Charles Dickens Museum
10 G2이 된 이곳에서 디킨스는 1837년에서 1839년까지 유명한 소설《올
리버 트위스트》를 집필했다. 빅토리아 여왕 시대 대영제국의 수도 런던
은 약 250만 명의 인구를 자랑하는 세계 최대의 도시였고 세계적인 정치,
경제, 무역의 중심지로 하루가 다르게 성장해 나갔다. 그러나 인구 증가,
도시화, 산업화는 전통적 사회 조직을 완전히 뒤흔들어 놓았다.

찰스 디킨스는 런던의 노동자들과 고아들의 고단한 삶을 가장 생생하게 그려 낸 작가다.

좁디좁은 방에 오글오글 모여 살았던 노동자들은 가장 원시적이고 비인간적인 생활 조건에서 하루하루를 버텼다. 빈민법 개혁안이 가결되기는 했지만 여전히 가난은 범죄시되었고, 억압과 통제가 극심한 빈민 구호소나 노동자 구호소에는 비참함과 절망만이 넘쳐났다. 올리버 트위스트

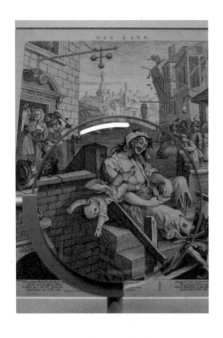

역시 어머니가 난산 끝에 그를 낳고 세상을 떠난 후 런던 외곽의 한 구호소에서 성장했다.

디킨스의 소설에는 암울했던 당시 영국의 사회 분위기를 한눈에 파악할 수 있는 장면이 나온다. 어린 올리버 트위스트가 너무 배가 고픈 나머지 노동자 구호소의 감독 범블에게 얼토당토않은 요구를 한 것이다. 세상에나! 먹을 것을 조금 더 달라고 하다니.

범블이 숟가락으로 올리버의 머리를 한 대 후려갈기더니 멱살을 잡고 큰소리로 경찰을 불렀다. 범블은 몹시 흥분한 채 관리 위원회가 격식을 갖춰 회의 중인 방으로 달려들어왔다. 그러고는 키 높은 의자에 앉아 있던 신사들에게 이렇게 전했다.

"죄송합니다. 림브킨스 씨, 올리버가 먹을 것을 더 달랍니다." 모두가 동작을 멈췄다. 그들의 얼굴에는 놀란 기색이 역력했다.

"더 달라고?" 림브킨스가 말했다. "범블, 정신 바짝 차리고 내가 묻는 말에 똑바로 대답하게. 그러니까 그 말은 그 아이가 정해진 자기 몫을 다 먹어 치워 놓고 더 달라고 했단 말이오?"

"그렇습니다." 범블이 대답했다.

"그놈은 기어이 교수대에서 끝이 나겠군." 흰 조끼를 입은 그 신사가 말했다. "그놈이 교수대에서 끝날 것이라는 내 말을 기억하게." 올리버는 그 즉시 감금되었다.

사정이 이러했으니 찰스 디킨스의 수많은 소설들에서 어린이가 주인공인 것도 우연은 아니었다. 1812년에 항구 도시 포츠머스에서 태어난 디킨스는 어린 시절부터 빈민을 착취하는 가혹한 사회 시스템을 몸소 겪었고 평생 그 기억을 떨쳐 버리지 못했다. 해군 경리국 하급 공무원이었던 아버지는 1822년에 런던으로 이사 올 당시 이미 자녀가 여섯 명이었고 그 후 네 명이 더 태어나서 자식이 무려 열 명이나 되었다. 디킨스의 가족은 하녀 한 명에 세입자까지 총 14명이 4개의 작은 방에 끼여 살았다.

찰스 디킨스는 가난을 알았다

디킨스의 가족이 살았던 곳은 캠던 타운Camden Town이다. 당시 그곳은 조그만 가내수공업 공장이나 작은 가게 주인들이 더 낮은 계급으로 추락하지 않기 위해 발버둥치며 살아가던 삭막한 시 외곽 지역이었다. 오늘날의 캠던Camden 9 H1은 런던 시의 한 구로 늘 붐비는 캠던 마켓 덕분인지 10대들에게 특히 인기 있는 지역이 되었다. 이 지역에는 술집도 많은데, 요절한 여가수 에이미 와인하우스Amy Winehouse, 1983~2011도 이곳의 술집을 자주 찾았다고 한다.

어린 디킨스는 런던 브리지London Bridge H4와 타워 브리지Tower Bridge 42 K4 사이 어두침침한 골목들과 슬럼 같은 항구 지역을 하루 종일 걸어다니며 '고철, 부엌 쓰레기, 넝마, 뼈'가 거래되는 소줏집과 가게들의 대도시를 서서히 파악해 나갔다. 빚과 비싼 월세 때문에 디킨스 가족의 경제적 상황은 심각했다. 디킨스는 12살이 되던 해부터 당시의 대다수 아이들이 그랬 듯 일을 시작했다. 주로 구두 광을 내는 공장에서 일을 해서 일주일에 적어도 몇 실링씩은 집에 가져다주었다.

같이 일하는 친구들은 디킨스의 기품 있는 행동 탓에 한편으로는 놀리느라, 또 한편으로는 존경심에서 그를 '꼬마 신사'라고 불렀다. 그러나 그는 어린 시절부터 런던 항구 지역의 어린 노동자들이 얼마나 절망적인 삶을 살아야 하는지 너무나 잘 알고 있었다. 더구나 끔찍한 소식까지 전해졌다. 아버지가 빚을 갚지 못해 3개월 동안 감옥살이를 해야 하며 온 가족이 집에서 쫓겨나게 생겼다는 것이었다. 오갈 데 없는 디킨스의 가족은 하는 수 없이 아버지와 함께 감옥으로 들어갔다.

가난했던 어린 시절은 평생 그에게 깊은 상처로 남았다. "어떻게 이 세상은 어린 나를 그렇게 쉽사리 내버릴 수 있었을까? 런던으로 와서 가난한 아동 노동자로 전락한 후에도, 총명하고 배움의 열의가 강하며 몸도 마음도 약하고 쉽게 상처 받는 나 같은 아이에게 보통 학교에만 들어가면 이 고통스러운 불행에서 벗어날 수 있을 것이라고 그 누구도 가르쳐 주지 않았다. 어떻게 이 세상에는 그 정도의 연민을 느낄 수 있는 사람도 없다는 말인가? 그런데도 아버지와 어머니는 내가 일해서 돈을 벌어오는 것에 대만족이었다. 내가 20살이 되어 우수한 성적으로 김나지움을 졸업하고 케임브리지 대학에서 공부할 예정이었다고 해도 그보다 더 만족하지는 않았을 것이다."

디킨스는 케임브리지는커녕 김나지움의 문턱도 넘어 보지 못했다. 그래도 어쨌든 그는 어머니의 반대를 무릅쓰고 15살 때까지 평범한 사립학교를 다녔다. 아버지는 물려받은 유산으로 학비를 대주었다. 학교를 졸업한 후에는 변호사 사무실의 사환으로 취직했고, 그 후 런던 신문사의 프

디킨스는 어린 시절 이곳 캠던의 방 4개짜리 집에서 14명과 함께 살았다. 현재 이 지역은 다채로운 매력을 뽐내는 곳으로 탈바꿈했다.

리랜서 기자가 되었으며 더불어 작품을 쓰기 시작했다. 그는 선거권 개혁, 북부 산업 지역의 봉기, 대량 실업 같은 문제를 두고 하원에서 벌어진 격론을 유심히 지켜봤다. 그의 눈에 비친 의회는 교만하고 타락한, 백성들의 삶에는 아무런 관심도 없는 자족적 기관에 불과했다. 그런 기관에게 그가 줄 수 있는 것은 오직 조롱과 경멸뿐이었다.

관료주의적 영국을 비판하다

디킨스의 소설《데이비드 코퍼필드David Copperfield》의 주인공이 느낀 바도 크게 다르지 않았다. "밤마다 나는 이루어지지 않을 예언을, 아무도 들어주지 않을 고백을, 틀린 것이 뻔한 설명을 적어 댄다. 단어를 뒤져 찾는다. 브리타니아, 이 불행한 여성은 관청의 펜에 온몸이 찔리고 관료주의 밧줄로 손과 발이 꽁꽁 묶인 채 구울 준비를 마친 닭처럼 내 앞에 놓여 있다. 나는 정치의 가치를 깨닫기 위해 멀리 무대 뒤편 저 너머까지 내다본다. 나는 무신론자이고 결코 개종하지 않을 것이다."

《데이비드 코퍼필드》는 1850년에 나온 작품이다. 찰스 디킨스가 풍자적이고 철학적인 소설 《피크위크 페이퍼스Pickwick Papers》와 《올리버 트위스트》에 이어 세 번째 소설 《니콜라스 니클비Nicholas Nickleby》를 발표해 신랄한 사회비판가로서의 입지를 다지기 12년 전에 나온 작품이다. 《니콜라스 니클비》에는 또 이런 구절이 있다. "당시 너도 나도 미친 듯 투기 광풍에 휩쓸리는 바람에 한 주식회사도 투기에 뛰어들었다. 거품이 붕괴됐고 악덕 상인 4명이 피렌체의 농장들을 사들이는 바람에 4백 명의 가난뱅이가 파산했다. 그중에는 니클비도 끼어 있었다." 오늘날 상황과 어찌나 흡사한지 이것이 과연 19세기의 소설인지 의심스러울 지경이다.

1836년, 찰스 디킨스는 캐서린 호가스와 결혼했다. 그에게 스코틀랜드와 영국 서부 지방 관련 기사를 맡겼던 〈모닝 크로니클The Morning Chronicle〉지 발행인의 딸이었다. 특별히 행복하지는 않았지만 두 사람은 자식을 10명이나 낳았다. 1852년에는 막내가 태어났다. 그러나 그로부터 4년 후, 44살의 디킨스는 여배우 엘렌 터넌과 사랑에 빠져 아내를 버렸다. 그리고 2년 후 결국 캐서린과 이혼한다.

저작권 때문에

1842년, 디킨스는 처음으로 미국 땅을 밟았다. 영국 산업사회의 물질주의에 아직 오염되지 않은 민주주의의 나라를 직접 보고 싶다는 희망으로 북미 여행길에 올랐던 것이다. 어디를 가나 환영 인파가 몰려들었다. 그런데 그가 국제 저작권 문제를 꺼내들며 대답을 요구하자 환호는 분노로 돌변했다. 그의 소설은 미국에서 몇백만 부가 팔렸지만 정작 디킨스는 한

푼도 받지 못했다.

저작권 문제도 아직 해결되지 않았고 의사가 여행을 만류할 정도로 건강도 좋지 않았지만 디킨스는 1867년 다시 한 번 미국 여행을 감행한다. 뉴욕에서는 그와의 '1인 면담' 입장권을 사기 위해 긴 줄이 이어졌고 미처 표를 구하지 못한 사람들은 런던에서 온 유명 소설가를 보겠다고 그의 호텔 방 앞에서 진을 쳤다. 그렇게 아직 미국 일정을 끝마치지 않은 상태에서 디킨스는 또 영국에서 진행할 강연 계약서에 사인했다. 그러나 그것이 마지막이었다. 1869년, 그는 여행 도중 쓰러졌다. 뇌졸중이었다. 벌써 몇 년 전부터 정신적으로 피폐해진 상태였다. 1865년 6월 4일, 디킨스는 켄트의 스테이플허스트에서 기차 사고를 당한 적이 있었다. 다친 데는 거의 없었지만 그날의 기억은 죽을 때까지 상처로 남았다. 그의 공포와 두려움은 단편소설 〈더 시그널 맨The Signal-Man〉에 고스란히 담겨 있다.

1870년 6월 8일, 영국의 유명 소설가 찰스 디킨스는 또다시 뇌졸중으로 쓰러져 로체스터의 영지 갯즈 힐 플레이스에서 눈을 감았다. 해마다 기일이 되면 웨스트민스터 대성당**45** F5의 그의 무덤에는 화환이 놓인다.

찰스 디킨스 박물관 **10** G2
48 Doughty Street, London WC1N 2LX
www.dickensmuseum.com
▶지하철 : 러셀 스퀘어Russell Square

캠던 **9** H1
▶지하철 : 캠던타운Camden Town

타워 브리지 **42** K4
Tower Bridge Road, London SE1 2UP
▶지하철 : 타워힐Tower Hill

카를 마르크스 1818~1883
공산주의 혁명을 외쳤던 독일 철학자

"혁명은 역사의 기관차다."

독일 공산주의 철학자 마르크스는 말했다. 그는 착취와 맞서
싸우고자 했지만 세상은 그가 바라던 대로되지 않았다.

1850년 여름, 유대인 변호사의 아들로 태어난 32살의 철학자이자 정치가
카를 마르크스가 그레이트 러셀 가의 대영박물관The British Museum F2 둥근 지
붕 아래, 원형 독서실 책상에 앉아 프롤레타리아 혁명을 다룬 경제학 저
서를 쓰기 위해 골머리를 앓고 있었다. 그의 양옆에는 책이 산더미처럼
쌓여 있었다. 존 로크, 데이비드 흄, 애덤 스미스의 저서들…….

마르크스가 런던으로 망명을 온 지도 벌써 몇 달이 흘렀다. 1848년에
서 1849년 5월까지 발행되었던 혁명 시대 최고의 급진 정치신문 〈신 라
인 신문Neue Rheinische Zeitung〉의 편집장이었던 마르크스는 31살이 되
던 해 반역죄를 이유로 독일에서 추방돼, 파리를 거쳐 런던으로 도주했
다. 철학자이자 기업가인 그의 동지 프리드리히 엥겔스에게도 체포 명령
이 떨어진 상태였다.

런던에서 〈신 라인 신문〉과 비슷한 정치경제학 잡지를 창간할 계획이
었던 마르크스는 1849년 말에 친구 엥겔스에게 편지를 썼다. 두 사람은 1

세계적으로 유명한 공산주의 철학자 카를 마르크스. 그는 독일에서 추방되어 런던으로 망명했다.

년 전 마르크스 이론의 요약본이라고 할 수 있는 〈공산당 선언〉을 발표한
바 있었다. 마르크스는 엥겔스에게 즉시 런던으로 달려와 달라고 부탁했
다. "자네의 안전이 걱정되네. 프로이센 사람들이 자네를 잡으면 두 배로
총을 쏘아 사살할 걸세."

홀번에 있는 마르크스 기념 도서관. 마르크스의 저서를 출간한 출판사가 있던 곳이다.

1850년 11월 12일, 프리드리히 엥겔스가 런던에 도착했다. 그는 5년 전 유명한 《영국 노동자 계급의 상태》를 출판한 바 있었다. 산업화는 영국에서 시작되었다. 엥겔스는 산업화가 몰고 온 엄청난 변화를 "시민 사회 전체를 동시에 변혁시킨" 혁명이라고 표현했다. 이 변화는 환경과 노동 여건, 사회 조직, 관습에만 영향을 미친 것이 아니었다. '산업 혁명'은 궁핍과 대량 빈곤, 인간의 존엄성 훼손까지 함께 초래했다.

엥겔스는 《영국 노동자 계급의 상태》에 이렇게 썼다. "순수 핵으로 해체된 사회는 (중략) 자신과 가족의 부양을 노동자들에게 떠안겼지만 정작 효율적이고 지속적으로 부양할 수 있는 수단은 주지 않는다. 따라서 모든 노동자들이 (중략) 늘 굶주림에 허덕인다. 다시 말해 모든 노동자가 굶어 죽을 위험에 노출되어 있고 실제로 많은 수가 굶어 죽는다. 노동자들이 사는 집은 (중략) 환기가 안 되고 습하고 건강에 해롭다. 그마저 작디작은 방들뿐이고 대부분 한 가족이 한 방에서 잠을 잔다."

1848년 이후 유럽 대륙 각국에서 내쫓긴 수천 명의 망명객들이 런던으로 몰려들었다. "모두가 가난했고 의존적이었으며 도움을 갈구했다." 마르크스의 아내는 당시의 망명객들이 처한 상황을 이 한마디로 정리했다.

1850년 9월, 마르크스 부부는 자식 셋을 데리고 소호의 딘 가 28번지 ^{Dean} Street **28** F3/4의 볼품없는 작은 집으로 들어갔다. "우리의 망명 생활에서 가장 불쾌했던 시기였다. 망명객 지원을 위한 난민 위원회를 구성하고 집회 지시를 내리고 프로그램을 짜고 대규모 시위를 준비했다."

마르크스 가족의 경제 상황은 심각했다. 아내가 물려받은 유산으로 근근이 버티는 형편이었다. 은 식기는 물려받자마자 당장 팔아 치웠다. 다행히 엥겔스가 많은 도움을 주었다. 1851년 마르크스가 가정부 헬레네 데무트와 잠깐 바람을 피워 아들 프레데리크가 태어났을 때도 엥겔스는 아이의 아버지를 자처했다. 아이는 양부모에게 맡겨졌고 마르크스의 아내는 아무것도 몰랐다.

가난을 한탄하다

마르크스는 점점 더 사람을 기피했다. 망명객들과도 거의 접촉하지 않았다. 1852년에는 유럽 대륙에서도 공산주의자 연맹의 존속이 시의적절하지 않다며 연맹을 해체했다. 집으로도 손님을 거의 들이지 않았다. 그는 대부분의 시간에 홀로 책을 읽고 연구하고 글을 썼다. 어쨌든 푼돈이나마 돈은 벌어야 했으니 〈뉴욕 데일리 트리뷴New York Daily Tribune〉의 런던 통신원으로 일하기도 했다.

《정치경제학》집필은 매우 더디게 진행되었다. 1859년에야 겨우《정치경제학 비판》이 출간되었으니 말이다. 이 책에는 마르크스의 유명한 문장이 들어 있다. "사회적 존재가 인간의 의식을 규정하는 것이지, 의식이 존재를 규정하는 것이 아니다."

1851년 중반, 마르크스는 연구와 집필을 방해하는 것들이 너무 많다고 투덜거렸다. "내가 처리해야 할 것들이 정말 너무 많다. 겨우겨우 연명하는 이런 비참한 상황에선 어쩔 수가 없다." 이렇게 암담하던 상황은 1856년 유산을 여러 차례 받아 햄프스테드 근처에 방이 8개인 집을 구해 이사하면서 어느 정도 호전되었다.

1864년 9월 28일, 코번트 가든^{Covent Garden} F3에서 멀지 않은 찰스 가의 콘서트 하우스, 세인트 마틴 홀에 2천여 명의 사람들이 모였다. 런던에서 열린 국제 노동자 협회, 즉 제1차 인터내셔널의 창단식이었다. 카를 마르크스는 총평의회 서기직을 맡았다. 노동 조합, 즉 '트레이드 유니언'의 필요성을 확신한 그는 영국 노동자 운동의 단결과 국제성에 깊은 감명을 받았다. 협회는 런던, 맨체스터, 셰필드에서 에이브러햄 링컨의 반 노예제 전쟁에 동조하는 시위를 벌였고 유럽 대륙의 노동자 파업에 연대했다.

위대한 저서 《자본론》이 세상에 나오다
마르크스가 1871년의 파리 유혈 내전 '파리 코뮌'을 지지하는 글을 발표하자 런던의 모든 언론이 분노와 동시에 열광적인 반응을 보였다. 하룻밤 사이 제1차 인터내셔널은 전 세계인의 입에 오르내리는 유명 단체가 되어 버렸다. 마르크스가 파리 코뮌을 "프롤레타리아트의 선봉대"로 지칭하면서 인터내셔널의 혁명적 급진화를 꾀하고 있다는 비난이 쏟아졌다. 결국 인터내셔널은 분열되었고 5년 후 완전히 해체되었다.

그사이 마르크스 가족은 다시 이사했다. 이번에도 유산 덕분에 조금 더 편한 집으로 옮겨갈 수 있었다. 캠던 타운과 햄프스테드 히스의 중간에 위치한 매이들랜드 파크 가 41번지였다. 마침내 2층에 큰 서가를 갖춘 서재가 생겼다. 창밖으로는 품격 놓은 부자 동네 프림로즈힐의 녹음이 푸르렀다.

마르크스는 그 서재에서 《자본론》 집필에 매진했다. 그리고 마침내

런던의 밤거리를 거니는 마르크스와 엥겔스. 미하일 주가시빌리의 1970년 작.

1867년에 《자본론》 1권이 나왔다. 그의 딸 제니의 표현을 빌면 엥겔스는 "너무 기뻐서 제정신이 아니었다."고 한다. 2권과 3권은 마르크스 사후, 엥겔스가 유고를 정리해 각각 1885년과 1894년에 발행하였다.

1870년부터 프리드리히 엥겔스는 마르크스의 집에서 불과 몇 발자국 떨어진 리젠트 파크 로드 122번지에 살았다. 그 집 입구 옆의 파란색 표지판에는 "프리드리히 엥겔스, 1820~1895. 1870년에서 1894년까지 정치 철학자 엥겔스가 이곳에서 살다."고 적혀 있다. 두 독일 친구는 헨리 8세가 노루와 토끼를 사냥했던 근처의 리젠트 파크Regent's Park **32** D2를 자주 산책했다고 한다.

1881년 12월 2일, 아내 제니 마르크스가 세상을 떠났다. 아내의 죽음과

2년 후 딸 제니 롱게의 죽음은 마르크스에게 극복할 수 없는 큰 충격을 안겨 주었다. 그는 총 7명의 자녀를 두었지만 5명을 먼저 보냈다. 남은 두 딸마저 자살로 생을 마감하였다.

알제리와 몬테 카를로로 휴양을 가다

1883년 3월, 프리드리히 엥겔스는 미국에 있는 한 친구에게 편지를 썼다. 마르크스가 아내가 죽기 직전 폐렴을 앓아 알제리와 몬테 카를로로 휴양을 떠났고 연이어 딸 제니 롱게가 파리의 아르장퇴유로 여행을 갔다고 전했다. 마르크스는 6주 동안 스위스 브베에 머물면서 다시 건강을 회복했다. "영국 남부 해안에서 겨울을 나도 좋다는 허락을 받았습니다. 그렇지만 하릴없이 산책이나 하는 생활에 너무 염증을 느끼다 보니, 유럽 남부로 또 다시 망명한 것이 건강에는 좋았을지 몰라도 아마 도덕적으로 그만큼 해가 되었을 겁니다."

1883년 3월 14일, 프리드리히 엥겔스와 헬레네 데무트가 서재에 갔을 때 마르크스는 이미 숨이 끊어진 상태였다. 그의 나이 불과 64살이었다.

제때 의사를 불렀다면 목숨을 구할 수 있었을까? 그 질문에 엥겔스는 이렇게 답했다. "그 대단한 천재가 폐허처럼 겨우 목숨만 부지한 채 사는 꼴을 보는 것은 의학의 명성만 키워 주는 짓이며, 그가 온 힘을 다해 무찌르려 했던 속물들의 조롱거리가 될 뿐이다. 지금이 수천 배 더 낫다. 모레 그를 그의 아내가 잠든 묘지로 데려가는 편이 수천 배 더 낫다."

"만국의 노동자여 단결하라!" 하이게이트 묘지에 세운 3미터 높이의 대리석 비석에는 이런 글귀가 적혀 있다. 그 위로 세계 최고의 공산주의 이론가 마르크스의 커다란 청동 흉상이 우뚝 솟아 있다. 시티 오브 런던은 차갑게 반짝이는 별처럼 먼 곳에 있지만 또 어찌 보면 그리 먼 곳이 아닐 수도 있다.

　마르크스가 공산주의의 성경이라 할《자본론》을 쓴 바로 그 도시에서 100년 후 고삐 풀린 금융 자본주의가 미쳐 날뛰고 있는 것은 참으로 역사의 아이러니가 아닐 수 없다. 초현실적 게임에 수십 억, 수조를 배팅해대며 온 나라, 나아가 전 세계를 위협하는 런던 시의 젊은 은행가들은 착취와 계급 없는 사회의 비전이 불합리함을 역으로 입증하였다. 시티 오브 런던은 탐욕의 신에 빠져 카를 마르크스를 잊었다.

리젠트 파크 32 D2

Chester Road , London NW1 4NR

▶지하철 : 리젠트 파크Regent's Park

마르크스 기념 도서관 23 H2

37A Clerkenwell Green , London EC1R 0DU

www.marx‒memorial‒library.org

▶지하철 : 패링던Farringdon

하이게이트 묘지

Swain's Ln , London N6 6PJ

www.highgate‒cemetery.org

▶지하철 : 하이게이트Highgate

빅토리아 여왕 1819~1901
한 시대에 자신의 이름을 선사한 여왕

그녀는 꽃다운 나이 18살에 왕위에 올라 21살에 독일 왕자 앨버트 공과
결혼식을 올렸다. 그리고 서로를 영원히 사랑했다. 여왕은 63년 동안
영국을 통치했고 조국에 명예와 영광을 선사하였다.

청동 사자와 조각상들, 분수와 비둘기, 몰려드는 관광객들로 트래펄가 광
장Trafalga Square F4은 늘 붐비고 번잡하다. 개선문 에드미럴티 아치 너머 국왕
의 행렬이 지나가는 거리 더 몰The Mall E/F4/5은 나무와 공원, 왕가의 궁으로
둘러싸여 있다. 말버러 하우스, 세인트 제임스 궁전, 클래런스 하우스, 란
체스터 하우스, 그리고 그 남서쪽 끝에 최고의 궁전 버킹엄 궁전Buckingham
Palace 7 E5이 자리하고 있다. 하지만 그곳을 찾은 관광객이라면 철망과 안
마당으로 외부 세계와 완전히 차단된 궁전의 소박한 정면보다는 황금색
승리의 여신을 머리에 인 26미터 높이의 화려한 흰 대리석 기념비에게로
먼저 눈길을 돌리게 된다. 그것은 바로 빅토리아 여왕 기념비Queen Victoria
Memorial 31 E5다. 이 기념비는 1911년에 처음 세워졌을 때부터 많은 조롱을
받았다. '도로 한복판의 웨딩 케이크'라는 놀림도 받았고, 버지니아 울프
의 작품에 등장하는 리처드 델러웨이는 이 기념비를 '넘실대는 모성애의
하얀 산'이라고 조롱했다.

1887년에 찍은 빅토리아 여왕의 사진. 빅토리아 여왕은 63년 7개월 동안 왕좌를 지키며 조국에 빅토리아 시대를 선사했다.

1837년의 어느 추운 날 아침, 켄트의 알렉산드리아 빅토리아는 켄징턴 궁전Kensington Palace **18** B4에서 아직 몽롱한 정신으로 잠옷을 입은 채 캔터베리 대주교에게서 그녀가 영국 여왕으로 임명되었다는 소식을 직접 전해 들었다. 꽃다운 18살 공주의 대관식은 1838년 6월 28일 웨스트민스터 대

앨버트 공이 1859년에 건립한 빅토리아 앨버트 박물관 내부. 공예품과 디자인 제품의 컬렉션으로 유명하다.

성당^{Westminster Abbey} **45** F5에서 거행되었다. 머리에 왕관이 올려지는 순간 햇살이 왕관 위를 비춰 그 자리에 모인 사람들을 감동시켰다. 켄트와 스트래선의 공작 에드워드 아우구스투스의 딸이자 작센-코부르크-잘펠트 가문의 빅토리아는 대영제국과 아일랜드 왕국을 60년 넘게 통치했고, 57세 때는 인도마저 휘하에 두어 인도의 여황제가 되었다.

대관식이 열리던 날까지 빅토리아의 거처는 켄징턴 궁전이었다. 켄징턴 가든을 갖춘 켄징턴 궁전은 '서펜타인' 호수가 있는 하이드 파크^{Hyde Park} B-D4/5의 서쪽 끝에 자리하고 있다. 이곳은 1689년부터 1760년까지 왕들의 거처였다. 그 후에는 왕자나 공주, 왕가의 친척들이 이 소박한 벽돌 건물에서 살았다. 세상을 떠난 마거릿 공주도 가족과 함께 이곳에서 살았고 찰스 왕세자와 헤어진 다이애나 역시 이곳에서 거처했다. 현재 값비싼 가구와 예술품, 그림으로 장식한 방들과 윌리엄 3세와 메리 2세 부부의 거실 등을 일반에 공개하고 있다.

켄징턴 궁전 안에 자리 잡은 오랑제리의 카페The Orangery at Kensington Palace에서 '핑거 샌드위치'를 한 입 먹고서 남쪽 방향으로 궁을 벗어나면 빅토리아 시대의 건축예술이 낳은 또 하나의 인상적인 기념물을 만나게 된다. 빅토리아 여왕이 일찍 세상을 떠난 남편을 기리기 위해 1864년에서 1876년 사이에 세운 앨버트 기념비Albert Memorial 4 C5로, 해 질 무렵 환하게 불을 밝히면 그 화려함은 배가 된다.

"공익에 헌신한 삶에 감사하는 뜻으로 빅토리아 여왕과 그녀의 백성들이 앨버트 공에게 바칩니다." 앨버트 기념비에는 기념비를 덮고 있는 천개를 빙 둘러 황금색 바탕에 파란 모자이크 글씨로 이렇게 적혀 있다. 그곳에 독일 왕자 작센-코부르크의 앨버트가 무릎에 책을 놓은 채 조용히 앉아 있다.

예술에 조예가 깊었던 앨버트 공

1851년 수정궁에서 첫선을 보인 '만국 박람회'는 앨버트 공이 주도한 행사로 6백만 명이 넘는 관람객들이 몰려들어 막대한 이익을 남겼다. 앨버트 공은 그 돈으로 웅장한 빅토리아 앨버트 박물관을 짓기 시작했다. 1859년에 개장한 이 박물관은 현재 가구와 유리, 금속 공예, 장신구, 양탄자 등 미술사에 길이 남을 역사적 작품들을 세계 최대 규모로 수집하여 전시하고 있다. 영국의 은 공예품과 도자기 애호가라면 반드시 들러 봐야 한다.

예술에 조예가 깊었던 앨버트 공은 기념비에 앉아 줄줄이 서 있는 사우스 켄징턴의 인상적인 교육 시설들을 바라보고 있다. 그는 실로 영국 국민의 정신적 발전을 위해 많은 일을 했다. 런던에서 최고로 꼽히는 콘서트 홀 중 하나인 로열 앨버트 홀^{Royal Albert Hall} **35** B5 역시 그의 아이디어였다. 그곳은 특히 런던 사람들이 '프롬스'라고 부르는 여름 프롬나드 콘서트로 유명한데, BBC에서 생중계할 정도로 인기 있는 행사다.

빅토리아 여왕과 위대한 사랑

1840년 2월 10일, 21살 동갑내기 빅토리아 여왕과 앨버트 왕자를 결혼식 장으로 이끌었던 것은 아마도 사랑이었을 것이다. 신부는 새하얀 웨딩드 레스를 입었다. 그때부터 영국의 명문가 처녀들 사이에서 새하얀 웨딩드 레스가 크게 유행했다.

빅토리아 여왕은 결혼 전부터 버킹엄 궁전^{Buckingham Palace} **7** E5 을 거처로 삼았다. 하지만 앨버트가 런던보다는 시골을 좋아했기 때문에 부부는 주 로 윈저 성^{Windsor Castle}에서 많은 시간을 보냈다. 1845년에는 와이트 섬의 별장 오즈번 하우스를 추가로 구입했고, 1852년에는 스코틀랜드의 백작 령 애버딘셔에 있는 밸모럴 성^{Balmoral Castle}을 사들었다. 두 사람이 스코틀랜 드의 풍경에 반했기 때문이다.

얼마나 모범적인 부부였는지 모른다. 결혼 5년 후, 앨버트 공이 왕실에 처음 소개한 크리스마스 트리에는 어느덧 다섯 명의 자녀가 둘러앉았다. 그 후 11년 동안 빅토리아는 임신 공포증에도 불구하고 자녀를 넷이나 더 낳았다. 어쩌면 개인의 바람보다는 백성에 대한 의무감이 더 컸을지 모른 다. 여왕은 자기 자식들보다 백성들을 더 걱정했다. 어쨌든 '유럽의 할머 니'는 결혼을 통해 9명의 자식을 얻었고, 다시 40명의 손자와 88명의 증 손자를 얻었다. 빅토리아 여왕과 앨버트 공의 자손들은 유럽 대륙의 거의 모든 왕실로 뻗어나가 촘촘한 제국의 네트워크를 형성한다.

1861년, 앨버트 공이 티푸스에 걸려 42살의 젊은 나이로 갑자기 세상

빅토리아 여왕은 1840년 작센 코부르크와 고타의 왕자 앨버트와 결혼식을 올렸다.
1897년의 일러스트레이션.

을 떠났다. 빅토리아에게는 하늘이 무너진 것과 다름 없었다. "아버지이
자 보호자, 안내자이자 모든 일의 자문가, 감히 말하건대 그는 내 어머니
이자 남편이었다." 남편을 잃은 여왕은 공식 석상에서 물러나 검은 옷을
입은 채 밸모럴 성에 칩거했고, 윈저 성의 하인들에게 앨버트의 습관을
존중하고 그의 침실을 그대로 두라고 명령했다. 흰 망사 천을 뒤집어쓴
채 혼자 슬퍼하는 여왕의 이미지는 백성들의 가슴에 깊은 감명을 주었다.

빅토리아 여왕의 치하에서 총 10명의 수상이 내각을 이끌었다. 그중 특
히 한 사람이 앨버트가 세상을 뜬 후 힘든 여왕 곁에서 큰 힘이 되어 주었
다. 바로 교양이 풍부하고 보수적이었던 수상, 그 어떤 정치인보다 영국
역사에 휜했던 벤저민 디즈레일리^{Benjamin Disraeli, 1804~1881}다. 여왕에게 그보
다 더 아름다운 편지를 썼던 정치인은 없었으며, 그보다 더 앨버트 공을
존경하고 존중했던 정치인은 없었다.

디즈레일리, 여왕과 마음이 맞았던 수상

빅토리아는 마침내 자신의 마음을 알아주는 정치가를 만났고 그의 제국주의 정책에 열광했다. 디즈레일리는 1837년 보수당인 토리당 당원으로 하원에 입성했다. 1868년 정적 윌리엄 글래드스턴에게 잠시 수상 자리를 내주었다가 1874년에 다시 수상이 되어 1880년까지 그 자리를 지켰다. 1872년 런던 수정궁에서 읽었던 연설문을 보면 그가 이끈 정부의 기본 관심사가 무엇인지 한눈에 짐작할 수 있다. "그대들은 위대한 나라를 원하는가? 그대들의 아들이 최고의 자리에 오르는 나라, 그대들의 아들이 국민의 존경은 물론 전 세계인의 존경을 받는 나라를 원하는가? 위대한 제국을 원하는가?"

수상이 된 디즈레일리는 자신이 원하는 정책을 실행에 옮기기 시작했다. 1874년 영국은 아프리카 서북부의 기니 만에 접해 있는 황금 해안에 보호령을 설치했고 1년 후 수에즈 운하 회사의 주식을 대거 매입했다. 1876년 5월 1일에는 빅토리아 여왕이 디즈레일리의 도움으로 인도의 여황제가 되었다.

1877년 식민지 정치가 세실 로즈는 인종주의까지 들먹이며 제국주의 정책의 필연성을 역설했다. "나는 우리가 전 세계 1등 인종이라고 주장합니다. 우리가 세계의 더 많은 곳으로 뻗어나갈수록 인류에게도 더 유익할 것이라고 주장합니다. (중략) 세계의 대부분이 우리 손아귀에 들어오면 그것이 곧 모든 전쟁의 종식을 의미하는 것이지요."

빅토리아 여왕은 19세기 영국의 상징이며, 빅토리아 시대는 '좋았던 옛 시절'의 대명사다. 물론 청교도주의와 신앙심을 강조했던 시민적인 겉모습 뒤로 사기와 음란함의 깊은 늪이 도사리고 있었다는 사실은 위대한 영국 시인 오스카 와일드의 매력적인 작품에 잘 드러난다. 찰스 디킨스 역시 빅토리아 여왕이 죽는 날까지 그저 소문이라 믿었던 사회 갈등을 집요하게 파헤쳤다.

빅토리아는 자신의 무덤에 결혼식 베일을 함께 묻어 달라고 유언했다. 앨버트의 설화석고 핸드 프린팅을 관에 넣어 달라는 부탁도 했다. 1901년 1월 22일, 빅토리아 여왕은 오스번 하우스에서 세상을 떠났다. 그리고 앨버트 공이 묻혀 있는 윈저의 프로모어 묘지에 함께 묻혔다.

로열 앨버트 홀 **35** B5

Kensington Gore, London SW7 2AP
www.royalalberthall.com
▶지하철 : 사우스 켄징턴South Kensington

빅토리아 앨버트 박물관 **44** C5

Cromwell Road, Knightsbridge, London SW7 2RL
www.vam.ac.uk
▶지하철 : 사우스 켄징턴South Kensington

빅토리아 여왕 기념비 **31** E5

London SW1A 1AA
▶지하철 : 채링 크로스Charing Cross

앨버트 기념비 **4** C5

Kensington Gore, London SW7 2AP
▶지하철 : 사우스 켄징턴South Kensington

켄징턴 궁전 **18** B4

Kensington Gardens, London W8 4PXL
www.hrp.org.uk
▶지하철 : 퀸즈웨이Queensway

오스카 와일드 1854~1900

용기의 대가를 혹독하게 치러야 했던 유미주의자

그는 미학과 심미안을 외쳤고 사회의 얼굴에 가차 없이 거울을 들이민

사회 비판가였다. 그 대가로 사회는 잔혹한 복수를 감행하여

그의 삶을 완전히 망가뜨렸다.

눈부시게 아름다운 젊은 도리언 그레이가 친구이자 스승인 헨리 워튼 경의 집 작은 서재에서 묵직한 소파에 앉아 집주인을 기다리는 동안 루이카토즈 시계가 똑딱똑딱 가고 있다. "나름대로 아주 예쁜 방이었다. 올리브 그린색 참나무 널빤지를 붙인 높다란 벽과 크림색 프리즈, 석회 세공한 고상한 천장에 새빨간 펠트 바닥에는 술이 길게 달린 페르시아 비단 양탄자가 깔려 있다. (중략) 튤립이 꽂힌 파란색의 커다란 중국 화병 몇 개가 벽난로 가장자리를 따라 늘어서 있었고 아연으로 가장자리를 마감한 유리창을 통해서는 어느 여름날 런던의 살구빛 햇살이 비쳐 들어왔다."

하이드 파크Hyde Park B-D4/5와 본드 가Bond Street D/E3 중간에 있는 부자 동네 메이페어의 저택 정원에서는 델피니움과 장미가 활짝 꽃망울을 터트리고 그 위로 재스민 향기가 그윽하다. "늦어서 미안하네, 도리언. 워더 가에서 낡은 스카프를 봤는데 흥정하느라 몇 시간이 걸렸지 뭔가. 요즘 사람들은 가격만 알지 물건의 가치는 통 모르거든." 흥분한 헨리 워튼 경이

아일랜드 작가 오스카 와일드. 1881년 스튜디오 엘리엇과 프라이(Elliott & Fry)에서 찍은 사진.

늦어서 미안하다고 사과하며 담배를 한 모금 빤다. "새로운 영웅주의, 우리 시대에 필요한 것은 바로 그것이라네."

　오스카 와일드의 유일한 장편소설《도리언 그레이의 초상The Picture of Dorian Gray》은 영원한 젊음을 대가로 자신의 젊음을 파는 한 인간을 그

메이페어의 사우스 오들리 가. 오스카 와일드의 유일한 장편소설《도리언 그레이의 초상》에 등장하는 부자 동네다.

린 이야기로 1891년 런던에서 발행되었다. 빅토리아 시대 사교계는 큰 충격을 받았고 이 책을 비도덕적이며 체제 전복적이라고 비난했다. 그의 소설이 동성애라는 악명 높은 주제를 공개적으로 다루었기 때문만은 아니었다. 소설의 주인공인 아름다운 청년 도리언 그레이는 1850년대에 빅토리아 시대의 고루한 관습과 추악한 물질주의에 저항하며 '예술을 위한 예술'을 외쳤던 이상적 유미주의를 온몸으로 보여 준다. 유미주의는 특히 런던에서 크게 호응을 얻었고, 오스카 와일드는 흔히 그 유미주의를 완성한 예술가로 손꼽는다.

채링크로스 역 맞은편 애들레이드 가$^{Adelaide\ Street\ G3}$에 오스카 와일드 동상이 있다. 검은 화강암 관에서 불쑥 솟아나온 머리가 엄청나게 큰데도 이곳을 지나다니는 대부분의 행인들은 이 동상을 못 보고 지나치거나 동상을 벤치 삼아 앉아 느긋하게 샌드위치를 먹는다.

오스카 와일드의 세례명은 오스카 핑걸 오플래허티 윌스 와일드였다. 아일랜드 더블린에서 잘나가는 의사 아버지와 시인 어머니 사이에서 태어난 그는 1879년 문헌학 공부를 마치고 런던으로 왔고, 한 화가 친구를 따라 런던 사교계에 발을 들여놓았다. 25살 옥스퍼드 대학 졸업생 와일드는 자신을 '미학 교수이자 미술 비평가'라고 소개했고, 눈에 띄는 차림새를 하고 다녔다. 무릎까지 오는 검은 바지, 실크 재킷, 실크 스타킹, 버클 구두, 깃이 넓은 흰 셔츠, 목까지 내려오는 구불구불한 웨이브 머리카락……. 저녁 식사 자리에 참석할 때면 그것도 모자라 단춧구멍에 백합이나 해바라기까지 꽂았다. 그가 자신의 차림새에 대해 다음과 같이 말했다. "영국에서는 이 사랑스러운 두 꽃이 장식 예술에 가장 자연스럽게 어울리는 최고로 완벽한 모델이기 때문이다. 하나는 사자처럼 화려한 아름다움, 다른 하나는 고귀한 사랑스러움이다."

백합과 해바라기, 공작 깃털, 이 모든 것은 유미주의의 상징이었다. 화가이자 수집가였던 오스카 와일드의 친구 프레더릭 레이턴 경^{Lord Frederick} ^{Leighton, 1830~1896}의 화려한 빌라 '내실'에서는 당당한 자태를 뽐내는 박제 공작이 손님들을 맞이하였다.

미학이 최고의 계명

레이턴 경의 빌라는 부자들이 모여 사는 런던 서부 홀랜드 파크 근처에 있었다. 지금은 레이턴 하우스 박물관^{Leighton House Museum} **19** A5인 이곳에서 예술에 빠진 빅토리아 시대의 멋쟁이들이 얼마나 극단적인 사치를 누렸는지 한눈에 확인할 수 있다. 다마스쿠스와 터키에서 가져온 초록색과 파란색 타일, 모자이크와 이탈리아 파엔차 도자기, 일본 화병으로 장식한 아라비아 홀은 화려함의 극치고, 고운 황금 선이 그어진 검은 액자에 유화를 끼워 벽을 장식한 큰 아틀리에는 실로 감동적이다.

레이턴은 로열 아카데미[34] E4의 회장으로 빅토리아 시대 미술계를 주도했다. 모두가 그의 집에 초대받고 싶어 했다. 그의 집에는 왕실의 일원은 물론이고 레이턴과 친하게 지내는 아카데미 학생들도 초대받았지만 주로 라파엘 전파前派 화가들이 많이 들락거렸다. 라파엘 전파란 1849년에 아카데미의 관습에 반기를 들면서 라파엘로Raffaello, 1483~1520 이전의 이탈리아 화풍을 부활시키고 영혼과 자연을 회복하여 영국 미술을 개혁하고자 했던 화가들의 모임을 일컫는다.

라파엘 전파의 최초 작품은 단테 가브리엘 로세티가 20살 때 그린 〈동정녀 마리아의 처녀 시절The Girlhood of Mary Virgin〉(1849)로 현재 테이트 브리튼[41] F6에 걸려 있다. 그 밖에 존 에버렛 밀레이는 셰익스피어 〈햄릿〉의 주인공 오필리아를 그림에 담아 많은 사랑을 받았고 윌리엄 홀먼 헌트와 에드워드 번존스도 이 그룹의 일원이었다. 로세티와 함께 양탄자, 유리창, 가구, 직물을 디자인하여 당시의 주거 스타일을 혁신시켰다. 현대 공예의 문을 연 윌리엄 모리스 역시 제임스 맥닐 휘슬러와 함께 1877년부터 유미주의의 주도적 인물로 부상했다.

미국에서 열렬한 환대를 받다

1886년에 문을 연 본드 가Bond Street D/E3의 그로스브너 박물관Grosvenor Gallery 이 아방가르드 미술의 주요 거점으로 떠올랐다. 오스카 와일드는 그곳에 가면 "가장 발달한 현대의 정신을 눈으로 확인할 수 있다"고 말했다. 《도리언 그레이의 초상》에서도 도리언 그레이의 실물 크기의 초상화를 본 헨리 경이 화가 친구에게 이렇게 조언했다고 한다. "내년에는 반드시 이 그림을 그로스브너 미술관으로 보내야 할 걸세."

레이트 브리튼에 전시된 라파엘 전파 화가들의 그림. 오스카 와일드는 이 화가들의 그림을 높이 평가했다.

1882년, 미술 비평가이자 미학자였던 오스카 와일드는 미국과 캐나다를 여행했다. 강연의 중심 주제는 윌리엄 모리스가 선언한 대로 심미안을 갖춰 주거 스타일을 혁신하자는 것이었다. 청중은 그의 노력에 환호로 답했다. "다들 디킨스 이후 처음이라고 입을 모은다네. 나를 서로 데려가려고 난리야. 성대한 환영식, 맛난 저녁, 사람들이 몰려들어 내 마차를 기다리고, 내가 장갑 낀 손으로 상아 지팡이를 들고 손짓하면 환호성을 지른다네." 그는 런던으로 이런 편지를 써 보냈다. 미국 일정을 마친 그는 몇 달간 파리에서 머물다 1883년에 다시 런던으로 돌아온다.

와일드는 친구 제임스 휘슬러와 윌리엄 모리스의 도움을 받아 예술적 삶을 일상에서 실천하자는 아방가르드의 목표를 첼시의 타이트 가 16번지 자기 집에서 마음껏 실현하였다. 1885년에 콘스턴스 메리 로이드와 결혼식을 올린 후 함께 살게 된 집이었다. 그해 첫째 아들 시실이 태어났고 1년 후에는 둘째 아들 비비안이 태어났다.

하지만 오스카 와일드는 결혼 생활을 오래 견디지 못했다. 끊임없이 감각적 도취와 시적 영감을 찾아 헤매었고 그 때문에 가정에 소홀했다. 아내와는 날로 멀어졌고, 로버트 볼드윈 로스와의 우정은 날로 깊어져 갔다. 그러던 차에 젊은 귀족 앨프리드 더글러스를 만나면서 그의 동성애적 성향이 폭발했다. "그는 완전히 나르키소스 같다. 그토록 희고 고귀할 수가 없다. 그는 히아킨토스처럼 소파에 누워 있었고 나는 그를 사모하였다." 1891년, 37살의 오스카 와일드는 이제 갓 20살이 된 퀸즈버리 9대 후작의 아들 앨프리드 더글러스를 처음 만난 후 이렇게 적었다.

감옥에서 무너진 삶

더글러스는 정열적인 소년이었다. 잘생기고 고집 세고 자기밖에 모르는 버릇없는 소년에게 와일드는 완전히 빠져들었다. 이 시기 그는 거의 해마다 새 작품을 발표했다. 1893년에 《보잘 것 없는 여인A Woman of No Importance》이 초연되었고, 1894년에는 《살로메》(1896년 유명한 사라 베르나르의 주연으로 파리에서 초연되었다)가 나왔다. 그 이듬해인 1895년에는 《이상적인 남편An Ideal Husband》을 발표했고 탁월한 사회풍자극《진지함의 중요성The Importance of Being Earnest》이 초연되었다. 명예의 정점에 이른 시기였다. 그러나 높이 올라갈수록 추락도 깊은 법, 곧바로 그를 무너뜨린 가파른 추락이 뒤를 따랐다.

1895년, 더글러스의 아버지 퀸스베리 경에게 모욕당한 와일드가 그를 명예훼손으로 고발했다. 그러나 이틀 후의 재판 결과는 전혀 예상 밖이었다. 퀸스베리 경은 풀려났고, 오히려 와일드가 동성애를 이유로 체포된 것이다. 그에게 내려진 판결은 2년의 강제 노역과 독방형이었다. 1897

년, 피폐해진 몸과 마음으로 교도소에서 풀려났지만 돈은 다 떨어졌고 인간관계도 모두 끊어졌다. 그를 증오하는 영국의 여론과 언론에 쫓겨 그는 파리를 거쳐 나폴리로 도주했고 그곳에서 앨프리드 더글러스를 딱 한 번 다시 만났다.

두 아이를 데리고 영국을 떠나 하이델베르크 근처에서 살았던 아내 콘스턴스도 그가 감옥에서 나온 후 세상을 떠났다. 와일드는 죽기 전 마지막 3년을 세바스찬 멜모스라는 가명으로 스위스, 로마, 팔레르모, 파리 등지를 떠돌며 가난하고 외롭게 살았다. 1900년 11월 30일, 그는 파리의 알사스 호텔에서 숨을 거두었다.

"죽음은 틀림없이 아름다울 것이다. 기다란 풀이 내 위에서 이리저리 흔들리는 동안 부드러운 흙 속에 누워 정적에 귀를 기울일 테니." 살아생전 그는 묘지의 우울한 신비를 이렇게 노래했다. 그는 현재 유럽에서 제일 아름다운 묘지, 파리의 페르 라셰즈 묘지에 잠들어 있다.

레이턴 하우스 박물관 19 A5

12 Holland Park Road , London W14 8LZ

www.leightonhouse.co.uk

▶지하철 : 하이 스트리트 켄징턴 High Street Kensington

리버티 백화점 20 E3

Arts&Crafts – Mobelabteilung im 4 . Stock

Great Marlborough Street , Soho , W1

www.liberty.co.uk

▶지하철 : 옥스퍼드 서커스 Oxford Circus

테이트 브리튼 41 F6

Millbank , London SW1P 4RG

www.tate.org.uk

▶지하철 : 핌리코 Pimlico

윈스턴 처칠 1874~1965

20세기 가장 위대한 정치가

말버러 가문의 아들 윈스턴 처칠은 20세기 영국의 최고 정치인이 되었다.

도무지 하고 싶은 것이라고는 없었던 문제아가 결단력 있는 전사이자

위대한 문인으로 성장한 것이다.

1939년 9월 2일 런던, 영국 수상 네빌 체임벌린이 허겁지겁 다우닝 가 10 번지10 Downing Street F5를 나와 킹찰스 가 끝에 자리한 지하 콘크리트 건물의 전쟁 내각실Cabinet War Room 11 F5로 내려갔다. 그곳에 그의 내각이 모여 있었다. 영국은 히틀러의 전쟁 행보를 막기 위해 온갖 외교적 노력을 기울였으나 1939년 9월 1일, 독일은 결국 폴란드를 침공했다. 영국은 이 사태에 어떻게 대응해야 할지 시급한 결정이 필요한 때였다. "이제 우리는 이를 악물고, 우리가 그토록 성심을 다해 막으려 했던 바로 그 전쟁에 뛰어들어야 합니다." 수상 체임벌린이 라디오 방송을 통해 영국 국민들에게 알렸다. 다음 날인 1939년 9월 3일, 영국과 프랑스는 독일을 상대로 선전포고를 했다.

그리고 같은 날, 체임벌린은 실패한 유화 정책 때문에 비난의 포화를 받았고 65세의 윈스턴 처칠이 다시 해군 장관에 임명되었다. 처칠은 1911년에도 해군성의 최고 자리에 오른 바 있다. 그는 훗날 당시를 다음과 같

영국의 수상 윈스턴 처칠 경은 영국을 진두지휘하여 제2차 세계대전을 승리로 이끌었다.

이 기억했다. "내 생각은 15년 전의 9월로 돌아갔다. (중략) 정말로 똑같은 과정을 두 번 겪어야 한다면 면직의 고통을 또다시 견뎌야 한단 말인가? 큰 배가 가라앉고 모든 것이 실패로 돌아갈 때 해군 장관이 어떤 취급을 받는지 나는 너무나 잘 알고 있었다."

제2차 세계대전을 수행한 영국의 비밀 지휘 본부인 전쟁 내각실.

마음속에서는 이런 갈등이 요동치고 있었음에도 처칠은 위대한 정치가답게 현 상황을 냉정하게 분석했다. "어쩔 수 없이 앞을 내다볼 수 없는 매우 심각한 시련에 휘말려 들었다. 어떤 상황이었던가? 폴란드는 죽어가고 있었고 프랑스는 과거의 영화에만 젖어 있는 옛 전사에 불과했다. 거인 러시아는 동맹국이 아니었다. 아니, 중립국도 아니었고 어쩌면 앞으로 적이 될지도 몰랐다. 이탈리아는 우국이 아니었고 일본은 연합국이 아니었다. 미국이 다시 한편이 될까? 대영제국은 온전히 한마음 한뜻이었지만 싸울 준비가 전혀 되어 있지 않았다. 해상권, 그래 그건 아직 우리 손에 있었다. 그러나 새 전쟁터 하늘에서는 치명적으로 우리가 수적으로 형편없이 열등했다. 여하튼 빛이 사라졌다."

1940년 5월 10일, 윈스턴 처칠이 수상 및 국방장관으로 임명되었다. 5월 13일의 첫 하원 연설에서 '전쟁 수상'은 나치의 유럽 지배를 막기 위해

서라면 무슨 일이든 하겠노라고 다짐했다. 또 방송 연설에서는 영국 국민들에게도 히틀러의 독일과 싸우자고 호소했고 힘들고 어려워도 참고 견디자고 용기를 북돋웠다. "끝까지 싸울 것입니다. (중략) 어떤 대가를 치르더라도 우리의 섬을 지킬 것입니다. (중략) 우리는 결코 포기하지 않을 것입니다."

1940년 9월 초, 런던에 공습경보가 울렸다. 사람들은 방공호로 이용되던 지하실이나 지하철역으로 달려갔다. 독일 폭격기가 런던에 폭탄을 퍼부었다. 도시의 대부분이 파괴되었고 3만 명이 목숨을 잃었다. 그 시절 런던의 상황은 임페리얼 전쟁 박물관Imperial War Museum **17** G5에 가면 생생하게 확인할 수 있다.

1940년 11월 14일과 1941년 4월 8일에 공습당한 코벤트리 시의 피해는 더욱 심각했다. 그러나 독일군은 영국 상공의 제공권을 빼앗지 못했다. 히틀러는 영국 침공 계획 '바다사자' 작전을 1941년 봄으로 연기할 수밖에 없었고 결국 계획을 완전히 포기했다. 1940년 여름, 처칠은 확실히 깨달았다. 영국 혼자서는 절대로 나치 독일을 이길 수 없다는 것을.

미국의 참전을 호소하다

지하에 마련된 국방부의 대서양 전화실, 영국 수상이 미국 대통령 프랭클린 D. 루스벨트와 통화 중이다. 영국은 지금 미국의 군사 원조가 시급하다. 처칠은 영국이 항복할 경우 발생할 수 있는 각종 문제들을 쉬지 않고 루스벨트에게 늘어놓았다. 히틀러가 프랑스, 이탈리아, 독일 함대에 이어 영국 함대까지 차지하게 된다면 미국 동부 연안에 이르기까지 대서양 전체를 지배하게 될 것이라고 말이다.

1945년 2월 얄타, '빅쓰리Big Three'의 사진이 전 세계로 전송되었다. 프랭

클린 D. 루스벨트를 사이에 두고 오른쪽에는 스탈린이, 왼쪽에는 처칠이 앉았다. 유럽의 종전이 임박한 것이다. 독일이 패했다. 얄타에서 세 사람은 유럽의 정치적 분할을 두고 협상을 벌였다. 그곳에서 정해진 동유럽과 서유럽의 경계선을 처칠은 '철의 장막'이라고 불렀다.

1945년 5월, 영국의 연립 정부가 무너졌고, 선거에서 처칠의 보수당이 패배했다. 어느덧 일흔이 된 처칠은 보수 여당의 지도자로 정치 무대에 재기하기 위해 끈질기게 노력했다. 유럽 연합국의 창조를 외친 처칠의 스트라스부르 유럽 의회 연설은 그의 연설답게 미래 지향적이었다. 그는 유럽 연합국의 첫걸음이 프랑스와 독일의 파트너 관계로 시작됐지만, 영국은 그 유럽 기구에 끼어서는 안 된다고 주장했다. "우리에겐 우리 나름의 꿈이 있습니다. 우리는 유럽에 있지만 유럽의 일부가 아닙니다. 우리는 유럽과 동맹했지만 유럽에 포함되지는 않습니다."

1951년 윈스턴 처칠은 다시 한 번 수상이 되었고, 1955년까지 그 자리를 지켰다. 날이 갈수록 힘에 부쳤지만 그는 여전히 글을 쓰고 책을 읽었으며 맛난 위스키와 브랜디, 부르고뉴 와인을 마시며 담배를 피워 댔다. 건강 유지 비결이 무엇이냐는 질문에 "운동을 하지 않는 것"이라고 대답했다는 일화는 유명하다.

1955년 4월 4일, 은퇴를 앞둔 그에게 여왕 엘리자베스 2세와 필립 공이 다정한 인사를 건넸다. 궁 밖에서도 수많은 인파가 그를 기다렸고 카메라 플래시가 봄밤을 환하게 밝혔다. 당시 처칠은 이미 89살이었고 몸이 허약한 상태였다. 1965년 1월 24일, 눈을 감기 전 그는 당시를 기억하며 "모든 것이 너무 따분했다"고 술회했다.

처칠 박물관과 전쟁 내각실Churchill Museum and Cabinet War Room **11** F5은 제2차 세계대전 동안 영국의 전시 내각이 전쟁을 지휘하던 곳으로 5미터 깊이

루스벨트와 처칠. 로렌스 홀로프세너의 조각상 〈연합국〉. 올드 본드 스트리트와 뉴 본드 스트리스 중간에 있다.

지하 벙커에는 모든 것이 당시 그대로 보관되어 있다. 엄청난 양의 문서는 정치는 물론 그림과 글쓰기에도 능했던 영국 정치가 처칠의 삶과 활동을 잘 보여 준다. 1953년 그는 노벨 문학상을 받았다.

1889년, 15살의 윈스턴 처칠은 손쓸 수 없을 정도로 문제아였다. 실크해트, 흰 셔츠, 넥타이, 검은 재킷의 단춧구멍에 꽂은 꽃, 은 손잡이의 검은 지팡이를 든 이 젊은 신사가 학창 시절에 문제아였다고 감히 누가 상상할 수 있겠는가! 그는 라틴어, 수학, 크리켓, 축구 그 어떤 것에도 흥미가 없었고 무엇 하나 잘하는 것이 없었다. 처칠은 명문 사립학교와 그곳의 교육 시스템을 증오했다. "세인트 제임스 학교에선 이튼 학교처럼 자작나무 회초리가 큰 역할을 했다." 12년의 학교 생활은 그에게 '무의욕, 강요, 따분함, 무의미'의 시간이었다.

결국 1892년에 그는 학교를 그만두었다. 이제 어떻게 하지? 졸업장도,

눈에 띄는 재능도 없었다. 아버지는 아들이 15살 때 장난감 병정에 푹 빠져 정신없이 놀던 기억을 떠올렸다. 군인을 시켜 보면 어떨까? 18살의 처칠도 아버지의 제안에 동의했다. 뭔가 '아버지가 삶을 가치 있게 만드는 거의 모든 것의 열쇠를 쥐고 있다'는 느낌이 들었기 때문이었다. 처칠에게 아버지는 그런 사람이었다. 의지하고 싶지만 다가갈 수는 없는 사람. "아주 조금이라도 친구처럼 다가가려 하면 아버지는 금방 거부 반응을 보였다. 한번은 아버지 개인 비서를 도와 편지를 써드리겠다고 했더니 아버지가 얼음장처럼 굳어 버리셨다." 이 말버러 가문의 랜돌프 처칠 경은 1895년 1월에 세상을 떠났다.

문제아가 출세하다

신처럼 군림하던 아버지가 세상을 떠났다. 학교에 가야 한다는 부담도 없었다. 다행히 군사학교에서 어찌어찌 입학 허가가 떨어졌다. 윈스턴 처칠은 마침내 집을 떠나 넓은 세상으로 발을 내디뎠다. "이제부터는 내가 내 운명의 주인이다." 21살의 소위는 경기병 연대에 소속되어 쿠바, 인도, 수단, 남아프리카 등지에서 근무했다. 종군기자로도 맹활약했다. 글 솜씨가 좋았고 예리한 전투 상황 분석도 사람들의 관심을 끌었다. 마침내 런던 사람들의 입에까지 처칠의 이름이 오르내렸다. 다들 말했다. "이런 사람한테 정치를 맡겨야 해!"

그 다음부터는 일사천리였다. 보수당 의원으로 하원에 입성했고, 1904년에 자유당으로 이적하였으며, 1908년 경제 장관이 되었고 클레멘타인 호지어와 결혼해 슬하에 5명의 자녀를 두고 행복하게 살았다. 1911년에 해군 장관, 1917년에 군수 장관을 지냈고, 1924년에는 다시 보수당으로 옮겨 재무 장관이 되었다.

1929년 내각이 전면 사퇴하고 1931년에 뉴욕에서 교통사고를 당해 중상을 입자 그는 어쩔 수 없이 일을 쉬었다. 그래도 켄트의 차트웰Chartwell 저택에서 틈나는 대로 책을 읽고 그림을 그렸으며 세계 정치에 대한 논평을 쓰고 체임벌린 수상의 유화 정책을 비판했다. 히틀러의 정책이 반드시 전쟁을 몰고 올 것이라고 예상했기 때문이다.

1940년 여름, 그가 다시 정치 무대로 복귀했다. 등이 살짝 굽은 66살의 윈스턴 처칠이 다우닝 가 10번지를 나섰다. 그의 시선에서 그가 히틀러를 쓰러뜨리기 위해 굳은 결심을 했다는 것을 느낄 수 있었다. "마침내 나는 모든 권력을 거머쥐었고 명령을 내릴 수 있었다. 운명과 함께 걷고 있다는 기분이 들었다. 지난 내 삶은 모두가 준비에 불과했다는 생각이 들었다. 이 시간, 이 시험을 위한 준비……. 지난 6년 동안 나는 수없이 정확하게 경고했다. 그리고 이제 나의 경고는 그 누구도 대적할 수 없을 정도로 완벽하게 현실이 되었다."

임페리얼 전쟁 박물관 **17** G5

Lambeth Road , London SE1 6HZ
www.iwm.org.uk
▶지하철 : 램버스 노스Lambeth North

차트웰 저택

Mapleton Road , Westerham , Kent TN16 1PS
nationaltrust.org.uk
서던 레일웨이를 타고 이든브리지 역Edenbridge에서 내려 버스를 갈아타고 웨스트햄의 메이플턴 로드 정류장에 하차. 런던에서 남동쪽으로 약 90km.

처칠 박물관과 전쟁 내각실 **11** F5

Clive Steps , King Charles Street , London SW1A 2AQ
www.iwm.org.uk
▶지하철 : 웨스트민스터Westminster

버지니아 울프 1882~1941
사랑, 우울증, 자살 시도, 그리고 엄청난 재능

버지니아 울프, 아방가르드를 대표하는 여성 작가.

남편을 향한 사랑과 한 여성을 향한 사랑 사이에서 고뇌하였고

공포와 우울증에 시달리다 결국 스스로 목숨을 끊었다.

학자와 대학생들이 즐겨 찾는 블룸즈버리^{Bloomsbery} F/G 2/3는 남쪽으로 뉴 옥스퍼드 가, 서쪽으로 토트넘코트 로드, 동쪽으로는 그레이스인 로드, 북쪽으로는 유스턴 로드에 에워싸여 있다. 블룸즈버리 한가운데에는 노먼 포스터가 설계한 신고전주의 양식의 대영 박물관이 중앙홀 그레이트 코트의 유리 지붕을 머리에 인 채 당당한 자태를 뽐내며 서 있다. 그 곁으로 런던 대학, 찰스 디킨스 박물관^{Charles Dickens Museum} **10** G2, 닥터 새뮤얼 존스의 집, 존 손 경 박물관^{Sir John Soane's Museum}, 멋진 정원을 갖춘 유서 깊은 법학원 링컨스인과 그레이스인이 늘어서 있다. 플라타너스가 조지아 양식의 거리들과 호텔, 작은 출판사, 서점, 술집, 카페들을 감싸고 있다. 피츠로이 광장^{Fitzroy Square} E2, 메클렌버그 광장, 러셀 광장, 고든 광장^{Gordon Square} **15** F2 등 녹음이 짙은 광장이 많다는 점도 눈에 띈다.

"1904년 10월의 그곳은 세상에서 가장 아름답고 매력적이며 낭만적인 곳이었다고 장담할 수 있다." 버지니아 울프는 이렇게 기록했다. "처음에

강하지만 예민한 인상의 얼굴, 1903년의 버지니아 스티븐. 1912년 결혼 후 성이 울프로 바뀌었다.

는 살롱 창가에 서서 이 나무들을 바라보는 것만 해도 너무 좋았다. (중략)
맞은편 집 할머니가 목을 씻는 광경은 별로였지만. 하이드 파크 게이트의
음울한 붉은 어둠을 경험했던 터라 이 빛과 공기는 계시와 같았다. (중략)
사방이 하얗고 초록색 천으로 장식되어 있었다. 뒤엉킨 무늬의 모리스 양

고든 광장의 봄. 버지니아와 그녀의 형제들이 바로 근처에서 살았다.

탄자 대신 우리는 벽을 그냥 흰색으로 칠했다."

　여기서 '우리'는 작가였던 아버지 레슬리 스티븐과 아버지의 두 번째 아내였던 어머니 줄리아 덕워스가 낳은 네 아이로 25살의 바네사, 24살의 토비, 22살의 버지니아, 21살의 에이드리언이다. 1904년에 아버지가 세상을 뜨자 그들은 켄징턴 지구의 하이드 파크 게이트 22번지[22 Hyde Park Gate C5]를 떠나 블룸즈버리의 고든 광장 46번지[46 Gordon Square] **15** F2로 이사했다. 당시만 해도 블룸즈버리는 평판이 좋지 않았다. 대부분의 집들이 상당히 낡아 보였다. 그래도 조용하고 가격이 저렴해서 예술가와 대학생들 사이에서는 인기가 높았다. 켄징턴의 아버지 집에서 엄한 빅토리아식 교육을 받았던 네 남매는 이곳에 도착하자마자 해방감과 행복에 몸을 떨었다. 옛것을 버리고 새것을 시험할 수 있는 자유가 있었기 때문이다. "우리는 그림을 그리고 글을 쓰기로 했고, 저녁 식사 후 9시에는 차 대신 커피를 마시기로 했다."

화요일 밤마다 뜻이 같은 친구들이 고든 광장 근처 그들의 집으로 모여들었다. 커피와 위스키, 건포도 빵을 먹고 마시며 토론을 벌였다. 생각의 자유, 절대적 개방을 최고의 계명으로 삼은 모임이었다. 자신들을 '블룸즈버리 그룹'이라 불렀다. 핵심 멤버는 케임브리지 대학 재학 시절 토비의 네 친구 클라이브 벨, 리턴 스트레이치, 시니 터너, 레너드 울프였다. 여기에 화가 덩컨 그랜트와 로저 프라이, 학자 존 케인스와 버트런드 러셀이 합류했다. 그러나 아직은 남자들만의 그룹이었다. 여자는 한 사람도 없었다. 바네사와 버지니아도 끼지 못했다. 대화의 기술에 정통했던 버지니아는 이 젊은 남성들의 행동을 보며 놀라움을 감추지 못했다. "그들은 불안한 표정으로 쭈뼛거리며 들어와서는 말없이 소파 귀퉁이에 걸터앉았다. 그리고 한참 동안 아무 말도 하지 않았다. 해묵은 우리의 대화 지침도 도움이 안 되는 것 같았다." 한마디로 다들 침묵하기만 했던 것이다.

버지니아와 미스터 울프의 사랑

오빠 토비가 티푸스로 갑자기 세상을 떠나고 1906년 11월에는 언니 바네사가 클라이브 벨과 결혼하자 버지니아와 에이드리언은 피츠로이 광장[E2]으로 거처를 옮겼다. 그곳이 블룸즈버리 그룹의 두 번째 아지트가 되었다. 자기 집을 갖게 된 버지니아가 블룸즈버리 친구들을 집으로 불러들인 것이다. 이제는 여성이라는 주제가 더 이상 금기시되지 않았다. 남녀가 한자리에 앉아 토론을 벌였다. "원래의 블룸즈버리 그룹이 예술과 미를 주제로 벌이던 토론의 뼈대에 피와 살이 채워졌다." 섹스와 사랑도 거침없는 토론의 주제로 떠올랐다. "선의 본성에 대해 토론하던 때와 똑같은 흥분과 자유분방함으로 이제 동침에 대해 이야기를 나누었다. 그렇게 오랜 시간 주저하고 소심했다는 사실이 오히려 이상했다."

"버지니아가 날 받아줄까?" 1909년 2월 1일, 레너드 울프는 친구 스트레이치에게 보내는 편지에서 이렇게 물었다. "그녀가 날 받아들이면 전보를 쳐 줘. 곧바로 다음 배편으로 고향으로 갈 테니까."

그때까지 버지니아와 레너드가 정식으로 만난 적은 딱 한 번밖에 없었다. 1904년 고든 광장의 집에서 저녁 식사를 할 때였다. 당시에 레너드는 실론으로 떠날 예정이었고 식민청에서 행정 공무원으로 근무할 참이었다. 그 만남 후 버지니아는 레너드에 대해 이런 글을 남겼다. "나는 벌벌 떨던 거칠고 염세적인 그 유대인에게 큰 관심을 느꼈다. 그는 이미 문명을 향해 주먹을 치켜들었고 곧 열대 지방으로 떠날 참이었다. 아마 우리는 그를 두 번 다시 보지 못할 것이다."

1911년, 레너드 울프가 런던으로 돌아온다. "5월 29일에 나는 버지니아와 함께 그녀의 집에서 점심을 먹었다. 식사 후 같이 앉아 수다를 떨다가 버지니아가 갑자기 나를 사랑한다고 결혼하고 싶다고 말했다." 1912년 8월 10일, 두 사람은 세인트 판크라스 시청에서 혼인 신고를 했고, 이어 신혼여행을 떠났다. 프로방스, 스페인, 베네치아를 거쳐 런던으로! 1912년 11월 말, 두 사람은 런던으로 돌아왔다.

우울증과 자살 충동

찌르는 듯한 두통은 늘 그녀를 괴롭혔다. 공포가 잠을 앗아 갔고 소설《출항 *The Voyage Out*》(1915)을 완성하지 못할 것이라는 강박에 시달렸다. 1913년, 버지니아 울프는 처음으로 자살을 시도했다. 그녀의 자살 시도는 한 번으로 끝나지 않았다. 입원과 퇴원이 반복되었다. 아내를 정신병

고든 광장의 안내판. 버지니아 울프를 중심으로 블룸즈버리 그룹이 이곳에서 활동했음을 알 수 있다.

원에 입원시키는 것이야말로 최악의 시나리오였으므로 레너드 울프는 정성을 다해 아내를 간병했다. 사사건건 까탈을 부리며 공격하는 아내를 그는 묵묵히 참아주었다. 그녀의 불감증까지도. 의사는 건강상의 이유로 부부에게 아이를 낳지 말라고 권했다. 힘들고 고통스러운 상황이었다. 정치적 상황까지 날로 심각해졌다. 제1차 세계대전이 터지기 직전이었던 것이다.

자신의 책을 펴낸다는 것, 그것은 상상만 해도 황홀한 일이었다. 1917년, 부부는 거실에 인쇄기를 들여놓고 '호가스 출판사'를 차렸다. 경영과 관리는 레너드 울프가, 편집과 기획은 버지니아 울프가 맡았다. "인쇄는 사람 등골을 빼먹는 것 같아." 언니 바네사에게 이런 편지를 쓸 정도로 일은 힘들고 시간을 많이 앗아 갔지만 그녀는 출판사를 하면서 행복했다. "캐서린 맨스필드에게 가서 단편소설 한 편 받아 낼 수 있을지 볼 거야."

얼마 안 가 '호가스 출판사'는 현대 영국 문학 작품을 출간하는 유명 출판사로 이름을 날렸다. 캐서린 맨스필드, E.M. 포스터, 크리스토퍼 이셔우드, 이디스 시트웰, 스티븐 스펜더, 거트루드 스타인, 그리고 버지니아 자신의 작품까지. 영국 현대문학의 대표작들이 그녀의 출판사를 통해 세상으로 나왔다. 1925년에는 버지니아 울프의 대표작 《댈러웨이 부인Mrs. Dalloway》이 나왔고 1929년에는 페미니즘의 고전으로 평가받는 투쟁

적 에세이 《자기만의 방 *A Room of One's Own*》이 출간되었다. 《3기니 *Three Guineas*》에서 버지니아는 가부장제를 군국주의와 파시즘의 기원으로 보았다. 그 뒤를 이어 《등대로 *To the Lighthouse*》가 나왔고 레너드 울프가 그녀의 최고작이라고 평했던 《물결 *The Waves*》도 선을 보였다.

"내가 그녀를 사랑하게 되었을까? 그렇지만 사랑이라는 것이 무엇이란 말인가? 그녀가 나를 사랑하게 되었다는 사실에 흥분되고 우쭐하고 신경이 쓰인다. 이 '사랑'이란 무엇인가?" 1922년, 40살의 버지니아는 10살 연하의 여성 작가 빅토리아 색빌웨스트 Victoria Sackville-West, 1892~1962 를 처음으로 만난 후 당황스러운 심정으로 이렇게 자문한다.

빅토리아는 남자 같고 불같은 성정의 남작 부인이었다. "버지니아를 사랑한다. 누군들 그렇지 않을까? 하지만 버지니아를 향한 내 사랑은 전혀 다르다. 영적이고, 정신적이며, 지성적인 문제다. (중략) 광기로 인해 그녀에게서 육체적인 느낌이 일어날까 봐 죽을 만큼 두렵다. (중략) 그녀와 두 번 잤지만 그게 전부다."

미칠지도 모른다는 두려움

빅토리아와 버지니아, 그들의 사랑은 3년 동안 이어졌다. 1928년 결별 후에 나온 《올란도 *Orlando: A Biography*》는 결혼해서 행복하게 살고 있는 빅토리아 색빌웨스트를 향한 버지니아의 사랑 고백으로 해석되었다.

"벌써 전쟁이 났나? 순수하게 감정적으로 볼 때 모든 것이 지난 9월과는 천양지차다. 어제의 런던에는 무관심이 판을 쳤다. (중략) 우리는 양떼 같다. 열정도 없다. 끈질긴 혼란…… 몇몇은 앞으로도 그냥 그렇게 살아가기를 바랄 것이다." 1939년 8월 24일의 그녀의 일기다.

1940년 9월, 런던에 폭탄이 떨어졌다. 메클렌버그 광장 Mecklenburgh Square

F2에 있던 버지니아의 집과 출판사도 폭격으로 크게 부서졌다. 1941년 1월 15일, 그녀는 이렇게 적었다. "내 옛 터전이 찢어지고 허물어졌다. 붉은 벽돌들이 모조리 흰 가루가 되어 버렸다. (중략) 모든 것이 완전히 무너지고 부서졌다."

"버지니아가 좋지 않다." 1941년 3월 18일, 레너드는 이렇게 적었다. 며칠 후 그는 아내의 이별 편지를 발견한다. "여보, 내가 다시 미칠 것이라는 느낌이 들어요. 그런 끔찍한 시간을 또 다시 견디지 못할 것 같아요. 이번에는 건강해지지 못할 거예요. 목소리가 들리고 집중할 수가 없어요. 그래서 내가 생각하는 최선의 행동을 할 거예요. 당신은 내게 최고의 행복을 선사했으며, 내게 한 인간에게 가능한 모든 것이었어요. 이런 끔찍한 병이 오기 전까지 우리가 그보다 더 행복할 수는 없었을 거예요."

1941년 3월 28일, 버지니아 울프는 서섹스의 별장 몽크스 하우스에서 멀지 않은 우즈 강에 몸을 던졌다. 레너드 울프는 그녀의 재를 집 정원에 묻고 소설《물결》에 나오는 한 구절로 묘비명을 삼았다. "네게 대항해 굽히지 않고 단호히 나 자신을 내던지리라. 죽음이여." 두 사람이 묻힌 곳에 서 있는 두 그루의 느릅나무, 그 나무의 이름은 '버지니아'와 '레너드'다.

고든 광장 15 F2
London WC1H
▶지하철: 유스턴 스퀘어Euston Square, 러셀 스퀘어Russell Square

코톨드 미술관 37 G4
블룸즈버리 예술가들
Somerset House, Strand, London WC2R 0RN
www.somersethouse.or.uk
▶지하철: 코번트 가든Covent Garden, 템플Temple

Agatha Christie

애거서 크리스티 1890~1976

영국 추리소설의 여왕

추리 소설의 여왕 애거서 크리스티는 미스 마플과 에르퀼 푸아로 같은
불멸의 인물을 창조하며 세계적인 베스트셀러 작가가 되었다.
그녀의 책은 전 세계에서 20억 권이 넘게 팔렸다.

런던 웨스트엔드에 위치한 세인트 마틴 극장St Martin's Theatre **38** F4의 붉은 벨
벳 좌석이 하나도 빠짐없이 다 찼다. 지난 60년 동안 일주일에 7일을 하루
도 빠지지 않고 무대에 오르며 전 세계 애거서 크리스티 팬들의 숨을 멎
게 한 작품의 막이 오른다.《쥐덫*The Mousetrap*》은 살인 사건 이야기다. 폭
설로 고립된 런던의 몽스웰 여관에서 살인 사건이 벌어지고 극도로 복잡
한 과정을 거쳐 범인이 밝혀진다.

　누가 살인자일까? 답은 작가만이 줄 수 있을 것이다. 하지만 애거서 크
리스티는 마담 투소Madame Tussauds **21** D2 밀랍 인형 박물관의 자기 자리에 앉
아 등에 쿠션을 받치고 양손을 기도하듯 모은 채 입을 꾹 다물고 있다. 그
녀의 양쪽에 상당히 음산한 식물이 서 있다. 흰 곱슬머리, 큰 안경에 진주
목걸이, 몸에는 어릴 적부터 좋아했던 옅은 자줏빛 옷을 걸쳤고 통통한
다리에는 갈색 빛이 도는 베이지색의 불투명 스타킹을 신었다. 밀랍 인형
이 된 그녀에게서 무언의 매력이 뿜어져 나온다.

'추리소설의 여왕' 애거서 크리스티는 70여 편에 이르는 추리 소설을 남겼다. 그 작품들은 현재 100개국 이상의 언어로 번역되었다.

쥐덫 이야기의 탄생은 1947년으로 거슬러 올라간다. BBC가 80세 생일을 앞둔 메리 여왕을 위해 특집 라디오 방송을 준비했다. 그러자 평소 애거서 크리스티의 팬이었던 메리 여왕이 그녀의 라디오 드라마를 듣고 싶다고 부탁했다. 애거서 크리스티는 며칠 만에 30분짜리 드라마 극본을 집

필했고, 그것이 《세 마리의 눈먼 쥐 *Three Blind Mouse*》다.

1951년 여름, 그녀는 이 드라마 극본을 2막으로 구성된 희곡으로 수정했다. 그리고 《쥐덫》이라고 제목을 단 후 원고에 장밋빛 리본을 둘러 프로듀서 피터 손더스에게 건네며 다음과 같이 말했다. "작은 선물을 준비했어요. 이것으로 푼돈이나마 벌었으면 좋겠네요."

그 후 애거서 크리스티는 서아시아로 여행을 떠났다. 피터 손더스는 《쥐덫》의 배역에 맞는 배우를 찾다가 트롤 형사 역에 인기 높은 영국 배우 리처드 아텐보로를, 여관 주인 몰리 랄스턴 역에 샤일라 심을 발탁했다. 크리스티는 잘되면 8개월 정도 무대에 오를 작품이라며, 그저 '귀여운 소품'이라고 겸손하게 말했다. 그러나 1952년 11월 25일, 런던 웨스트엔드에서 초연이 끝났을 때 관객석에서는 박수갈채가 끝날 줄 몰랐다.

《쥐덫》은 애거서 크리스티가 우리에게 선물한 수많은 하이라이트 중 하나에 불과하다. 60년이라는 긴 창작 기간, 20억 부라는 어마어마한 판매고, 109개국 이상의 언어로 번역된 작품들……. 그녀는 '메리 웨스트매콧'이라는 필명으로도 작품을 발표했다.

유복한 미국인 아버지 프레더릭 앨바 밀러와 어머니 클라라의 딸로 태어난 애거서 메리 클래리사 밀러는 영국 남부의 유명한 해수욕장 토키에 있는 부모님의 빌라 애시필드에서 그야말로 부족할 것 없는 행복한 어린 시절을 보냈다. 애거서가 사랑을 듬뿍 담아 '너시'라고 불렀던 충성스러운 유모가 그녀를 보살피고 가르쳤다. 어린 애거서가 관심을 보였던 것은 글쓰기가 아니라 음악이었다. 17살 되던 해에 애거서는 피아니스트가 되겠다는 희망을 품고 연습에 매진했지만 피아노 선생님의 가차 없는 평가에 꿈을 접는다. 그래도 아직 글쓰기가 남았다. 그녀에게 글 쓰는 재능이 있다고 어머니가 말했고 그녀는 책상으로 달려가 글을 쓰기 시작했다.

"어느덧 글쓰기가 습관이 되어 버렸다. 자수와 도자기 그림의 자리를 글쓰기가 대신했다." 훗날 애거서는 이렇게 당시를 회상했다.

간호사가 꾸었던 살인의 꿈

제1차 세계대전이 발발하자 애거서는 아치볼드 크리스티 대령과 결혼했다. 그리고 간호사와 약제사 보조사로 일하면서 처음으로 추리 소설을 쓰기 시작했다. 독극물 살인 사건을 다룬 내용이었는데 직업 때문에 매일 독극물을 다뤘으니 당연한 결과였다. 스토리는 거의 완성됐지만 형사가 없었다. "물론 셜록 홈즈를 데려올 수는 없었다. 내 나름의 형사를 만들어야 했다." 그렇게 그녀의 머리에서 탄생한 형사가 바로 에르퀼 푸아로다. "푸아로는 특이하게 생긴 작은 남자였다. 키가 1미터 62센티미터도 안 되었지만 기품이 있었다. 흠잡을 데 없는 옷매무새를 매우 중시했다."

줄무늬 바지, 재킷, 조끼, 뾰족한 검은색 에나멜가죽 구두, 그리고 멋진 수염. 완벽한 영어 실력을 갖춘 이 은퇴한 벨기에 형사보다 그녀의 추리 소설에 더 적합한 인물은 없었을 것이다. "에르퀼 푸아로입니다. 세계 제일의 탐정이지요." 그는 수줍어하면서도 이런 확신을 잃지 않았고 또 실제로도 그의 수사력은 최고였다.

그러던 어느 날《목사관의 살인*The Murder at the Vicarage*》이 일어났고 아마추어 탐정 미스 마플이 등장한다. 65세에 키가 크고 말랐으며 귀엽고 교활한 할머니, 수다를 좋아하고 정원 일을 하면서도 사건 해결에 단서가 되는 중요한 장면을 놓치는 법이 없다. 하지만 보다 정밀한 수사를 위해 가끔 망원경도 동원해야 한다. 천재적인 후각, 미스 마플이야말로 빅토리아 시대의 할머니를 완벽하게 구현한 인물이다.

"미스 마플은 허리를 꽉 죄는 검은 자수 비단 옷을 입었다. 손가락 없는 검은색 장갑을 꼈고 탑처럼 쌓아올린 하얀 머리에는 뾰쪽 모자를 썼다."

어머니가 돌아가시고 1928년 남편과의 결혼이 실패로 돌아가자 그녀는 9살짜리 딸 로잘린드와 함께 카나리아 군도에서 겨울을 났다. 그녀는 "영국에서 살기가 힘들어졌다."고 말했다. "난생 처음 글쓰기가 즐겁지 않았다. 아마추어에서 프로가 된 순간이었다."

성공해서 집을 사 모으다

애거서 크리스티는 작가로 성공했고 런던 첼시 크레스웰 광장 22번지[22] Cresswell Place B6의 '매혹적인 작은 집'을 구입했다. 그리고 바그다드를 여행하던 중 14살 연하의 고고학자 맥스 맬러원을 만나 사랑에 빠졌다. 1930년, 그녀는 맥스와 결혼하여 템스 강변의 윈터브루크 하우스에 둥지를 틀었다. 1938년에는 영국 남부 데번의 아끼던 부모님 집을 팔고 조지아식 별장 그린웨이를 구입했다. 한때는 그녀가 소유한 집이 8채가 될 정도로 집을 열심히 사들였던 시절이었다.

1939년 가을, 맥스와 애거서는 그린웨이의 부엌에서 라디오로 영국 수상의 선전 포고를 들었다. 부부는 햄스테드의 바우하우스 근처에 있던 집에서 독일군의 런던 공습을 몸소 경험했다. 이웃집에는 영국으로 망명 온

애거서 크리스티의 소설을 원작으로 시드니 루멧이 연출한 〈오리엔트 특급 살인 사건〉(1974)의 한 장면.

독일 건축가 마르셀 브로이어^{Marcel Breuer, 1902~1981}와 발터 그로피우스^{Walter Gropius, 1883~1969}가 살고 있었다.

폭격이 시작되면 애거서는 방공호로 가지 않고 침대로 달려갔다. 유리 파편이 튈 것을 염려해 얼굴을 쿠션으로 가리고 침대 옆 의자에는 그녀의 "가장 소중한 두 가지 물건인 모피 모자와 고무 보온 물주머니를 놓아두었다. "그 고무 물주머니는 당시 그 무엇과도 바꿀 수 없는 물건이었다."

전쟁이 끝나고 《쥐덫》이 엄청난 성공을 거둔 후 애거서 크리스티는 단편 소설 《검찰 측의 증인 Witness For The Prosecution》을 발표하였다. 바그다드의 햇빛 찬란한 발코니에서 6주 만에 완성한 작품이었다.

그녀는 프로듀서 피터 손더스에게 이렇게 말했다. "내 작품 중에서 제일 마음에 드는 작품입니다." 1953년 10월 28일 런던에서 작품이 초연되었다. 감탄한 관객들이 발을 굴렀고 배우들은 그녀가 앉은 특별석을 향해 절을 했다. 애거서 크리스티는 성공을 즐겼고 손더스의 귀에 "이 모든 것이 정말로 즐겁다"고 속삭였다.

할리우드가 크리스티의 작품을 영화로 만들다

여왕 엘리자베스 2세와 필립 공도 그녀의 〈검찰 측의 증인〉을 보기 위해 윈저 레퍼토리 극장에 들렀다. 뉴욕 브로드웨이에서는 2년에 걸쳐 그 작품을 공연했다. 또한 비평가들이 뽑은 '1954년 최고 외국 극작품'으로 선정되었고 1957년에는 빌리 와일더의 연출로 영화로도 제작되었다. 여자 주인공은 마를레네 디트리히였다.

애거서 크리스티의 가장 유명한 작품 중 하나인《오리엔트 특급 살인 *Murder on the Orient Express*》은 아마 그레이엄 그린의 추리소설《오리엔트 특급*Orient Express*》에서 영감을 얻었을 것이다. 1930년대 초에 출간되었고 전설의 호화 열차를 배경으로 벌어지는 살인 사건을 다룬다. 이 소설은 시드니 루멧의 연출로 영화화되어 1974년 극장에 걸렸고 전 세계적으로 대성공을 거두었다. 앨버트 피니, 바네사 레드그레이브, 로렌 바콜, 잉그리드 버그먼, 숀 코너리, 앤서니 퍼킨스에 이르는 당대 최고의 스타들이 캐스팅되었다.

〈오리엔트 특급 살인〉의 영화 시사회에 참석한 애거서 크리스티는 심장 발작으로 휠체어에 의지한 상태였음에도 관객들의 환호에 휩싸인 채 여왕 엘리자베스 2세에게 서서 인사하겠노라고 고집을 부렸다. 1971년, '대영제국의 레이디' 칭호를 받은 '레이디 애거서'가 우아한 모피를 입고 흰 장갑을 낀 채 여왕의 손에 입을 맞추기 위해 허리를 굽히고 있는 사진이 한 장 있다. 그날 시사회 참석자들은 클라리지 호텔^{Claridge Hotel E4/5}에서 만찬을 들었다. 물론 애거서 크리스티는 그날 저녁을 '완벽하게' 즐겼다.

140

"창조주에게 돌아갈 것이다." 1976년 1월 12일, 윈터브루크 하우스에서 뇌졸중을 일으킨 그녀는 평화롭게 숨을 거두었다.

런던은 1976년 5월 트래펄가 광장의 세인트 마틴 인 더 필즈 교회^{St Martin in the Fields} **39** F4에서 '레이디 애거서'를 추도하는 예배를 올렸다. 이 교회는 런던 사람들이 좋아하는 교회로 콘서트로도 유명하다. 특히 세계적으로 유명한 세인트 마틴 인 더 필즈 아카데미의 체임버 오케스트라가 공연할 때면 실로 그 열기가 뜨겁다. 아카데미의 전설적인 지휘자 네빌 마리너^{Neville Marriner, 1924~}는 자타가 공인하는 애거서 크리스티의 팬이다.

마담 투소 **21** D2
Marylebone Road, London NW1 5LR
www.madametussauds.com/london
▶지하철 : 베이커 스트리트Baker Street

세인트 마틴 극장 **38** F4
West Street, London WC2H 9NZ
www.the-mousetrap.co.uk
▶지하철 : 레스터 스퀘어Leicester Square, 코번트 가든Covent Garden

세인트 마틴 인 더 필즈 **39** F4
Trafalgar Square, London WC2N 4JJ
www.stmartin-in-the-fields.org
▶지하철 : 채링 크로스Charing Cross

알렉 기네스 1914~2000
영국 영화의 얼굴

어린 시절부터 배우가 되고 싶었던 알렉 기네스는 연극 무대를
기웃거렸지만 어려운 형편 때문에 군에 자원해 장교가 되었다.
그러나 다시 영화판으로 돌아왔고 결국 위대한 스타가 되었다.

알렉 기네스는 로렌스 올리비에^{Laurence Olivier, 1907~1989}가 이미 거절한 배역
을 승낙할 때까지, 오랜 시간을 망설였다. 그 역시 데이비드 린이 자신에
게 맡긴 야심찬 영국 장교 니콜슨 역할이 마냥 좋지만은 않았기 때문이
다. 영화 〈콰이 강의 다리The Bridge On The River Kwai〉(1957)의 주인공
니콜슨은 미얀마의 일본 포로수용소에 갇힌 영국군 사령관으로 콰이 강
에 다리를 놓으라는 명령을 받는다.

그러나 우려와 달리 이 역할은 자기 비판적이고 수줍음을 많이 타는 43
살의 영국 배우 기네스에게 영화배우가 받을 수 있는 최고의 트로피, 아
카데미상을 안겨 주었다. 1958년, 그는 아카데미 남우주연상을 수상하였
다. 그 후로도 골든 글러브, 영국 영화 아카데미상 등 연이어 수상의 기쁨
을 누린다. 국제 비평계는 배역에 완전히 몰입하며 어떤 배역도 소화해
내는 기네스의 능력을 지치지 않고 극찬했다.

"그는 자신의 인격을 역할에 투영한 후 거기서 자신을 재발견하는 배우

두 번 받은 아카데미상. 알렉 기네스 경은 1980년 4월 14일 필생의 역작으로 아카데미상을 받았다.

가 아니다. 그의 천재성은 자신의 얼굴, 결국 자신의 자아를 없애는 데 있다." 영국 저널리스트 롤런드 힐은 기네스를 이렇게 호평했다.

"나는 혼란 속에서 태어났고 몇 년간 그 속에 빠져 있었다. 14살이 될 때까지 이름을 세 번 바꾸었고 30여 군데의 호텔을 전전했다." 1914년 4월 2

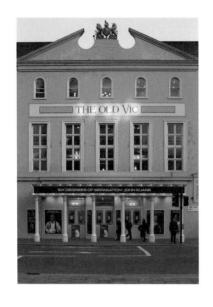

런던 최고의 극장 올드 빅. 알렉 기네스와 로렌스 올리비에가 올랐던 무대다.

일, 알렉 기네스 드 쿠페는 옥스퍼드 가에서 북서쪽으로 뻗어나가다가 리젠트 파크에서 끝나는 매럴러번 구Marylebone **D/E2/3**에서 태어났다. 어머니는 미혼모였고 그 당시 돈 많은 은행가 앤드류 게디스의 집에서 가사 일을 돕고 있었다. 기네스는 어린 시절 게디스에게 정말로 쥐꼬리만 했지만 그럼에도 형편상 적잖은 경제적 지원을 받았다. 아마 게디스가 그의 생부였을 것이다.

알렉 기네스는 어린 시절부터 배우가 되고 싶었다. 학교를 졸업하고 잠시 광고 회사에 들어갔지만 결국 배우가 되기로 결심하고 사표를 던졌다. 당시 어려웠던 형편을 생각하면 실로 용감한 결심이 아닐 수 없다. 그는 영국 여배우 마티타 헌트Martita Hunt, 1900 ~ 1969에게 연기 수업을 받았고 장학금을 받아 '패이 컴튼 스튜디오 오브 드라마틱 아츠Fay Compton Studio of Dramatic Arts'에서 7개월 과정의 교육을 이수했다.

이제 겨우 22살의 청년 알렉 기네스에게는 가슴 벅찬 순간이었을 것이다. 1936년에 그는 29살의 로렌스 올리비에와 28살의 마이클 레드그레이브와 나란히 올드 빅Old Vic **28** H5의 정식 단원이 되었다. 2년 동안 여러 가지 소소한 역할만 맡았던 그에게 처음으로 큰 배역이 떨어졌다. 셰익스피어의 비극 〈햄릿〉에서 헬싱노어 성에서 아버지의 살인자에게 복수를 하려한 덴마크의 왕자 햄릿 역할을 맡게 된 것이다. 그러나 결과는 참담했다. 박수갈채는커녕 혹독한 비난이 쏟아졌다.

햄릿과의 악연

기네스는 에딘버그에서 다시 한 번 자신의 운을 시험한다. 직접 연출을 맡아 또 한 번 햄릿 연기에 도전한 것이다. 그러나 그 연극은 〈이브닝 스탠다드〉로부터 "내가 지금껏 본 최악의 햄릿"이라는 혹평을 받았다. 그 후 올드 빅에서 셰익스피어의 〈뜻대로 하세요As You Like it〉를 공연했다. 알렉 기네스가 연출을 맡았다. 언론은 올드 빅 역사상 최악이라며 분노했다. 기네스는 아무도 모르게 조용히 무대를 떠났다.

1833년 런던 남동부에 문을 연 올드 빅은 런던에서 손꼽히는 유명 극장 중 하나다. 2003년부터 할리우드 스타 케빈 스페이시가 예술 감독을 맡아 극장을 이끌고 있는데 샘 맨데스가 연출한 셰익스피어 작품 〈리처드 3세〉로 국제적 이목을 끌기도 했다. 이 작품에서는 아카데미상을 두 번이나 수상한 케빈 스페이시가 주연을 맡아 리처드 3세 역할을 멋지게 소화했다.

그렇지 않아도 어려운 형편이 제2차 세계대전의 발발로 더 힘겨워졌다. 그사이 기네스는 배우 메를러 살라만Merula Salaman, 1914-2000과 결혼해 아들도 하나 두었다. 일을 해서 돈을 벌어야 하는데 방법이 없자 1941년 영국 해군에 자원입대했다. 1944년, 그가 탄 소형 전함이 연합군의 시칠리아 상륙 작전에 참가했다. 그런데 작전 시각이 연기되었다는 소식을 전해 듣지 못한 그가 30분 일찍 해안에 도착한 덕분에 시칠리아 땅에 처음으로 발을 디딘 연합군이 되었다. 훗날 그가 출연한 영화의 한 장면으로 사용해도 손색없을 정도로 황당한 사건이었다.

데이비드 린이 사우스햄프턴으로 연락해 올 당시 기네스는 여전히 해군에서 근무하고 있었다. 데이비드 린은 찰스 디킨스의 소설《위대한 유산》을 영화화할 예정이라며 그에게 출연을 부탁했다.

스크린 데뷔라니! 배역도 컸다. 기네스는 허버트 포켓 역을 맡았다. 그후로도 오랜 세월 지속된 감독과 배우의 협력은 풍성한 열매를 맺었다. 〈콰이 강의 다리〉, 〈아라비아의 로렌스Lawrence Of Arabia〉(1962), 〈닥터 지바고Doctor Zhivago〉(1965)같은 명작은 물론이고 〈레이디킬러The Ladykillers〉(1955), 〈5인의 탐정가Murder by Death〉(1976) 역시 두 사람의 협력이 거둔 알찬 결실이었다.

제임스 딘과의 의미심장한 만남

1955년 기네스가 캘리포니아에서 겪은 아래의 이야기는 거짓말 같지만 사실이라고 한다. 기네스가 그레이스 켈리와 함께 그의 첫 할리우드 영화 〈백조The Swan〉(1956)를 찍으러 로스앤젤레스에 갔다. 연출은 찰스 비더가 맡았다. 어느 날 저녁 기네스는 시나리오 작가 델마 모스와 함께 식당에 갔다가 제임스 딘을 만났는데 제임스 딘이 자기 자리로 와서 합석을 하자고 청했다. 모터스포츠에 미친 24살의 젊은 제임스 딘이 그런 자리에서 무슨 이야기를 했겠는가? 얼마 전에 산 자신의 은색 포르쉐 550 스파이더를 자랑하느라 침이 말랐을 것이다.

"속력 죽이겠군." 스포츠카를 보며 기네스도 칭찬을 아끼지 않았다. 그런데 뭔가 설명할 수 없는 야릇한 느낌이 스멀스멀 피어올랐다. 자동차가 뭔가 이상하다는 느낌이었다. 그는 본능적으로 딘에게 저 차를 타지 말라고 충고했고 자신도 모르게 손목시계를 들여다보았다. 1955년 9월 23일 금요일이었다. 그리고 다시 한 번 포르쉐를 타지 말라고, 자기 말을 안 들

알렉 기네스는 〈콰이 강의 다리〉에서 니콜슨 대령(사진 오른쪽) 역할을 맡았다. 이 작품으로 그는 1958년 처음으로 아카데미상을 받았다.

고 계속 타면 일주일 후 이 시각에는 살아 있는 목숨이 아닐 것이라고 장담했다. 물론 기네스는 즉각 딘에게 자신의 불손한 예언을 사과했고, 두 사람은 그날 저녁을 즐겁게 보냈다. 그리고 정확히 일주일 후인 1955년 9월 30일, 딘은 살리나스로 자동차 경주를 하러 가는 길에 교통사고를 당해 목숨을 잃고 말았다.

알렉 기네스는 또 다른 배역으로도 이름을 날렸다. 작가 존 르 카레의 세계적인 베스트셀러 《팅커, 테일러, 솔저, 스파이 *Tinker Tailor Soldier Spy*》(1979)와 《스마일리의 사람들 *Smiley's People*》(1980)을 영화화한 작품에서 스파이 조지 스마일리 역을 맡아 빼어난 연기력을 선보였던 것이다. 영화 전문가들은 그가 속내를 알 수 없지만 매우 인간적이며 집요한 조지 스마일리를 연기하면서 진짜 얼굴을 보여 주었노라고 극찬했다.

〈스타워즈〉의 팬이라면 알렉 기네스를 〈스타워즈〉(1977)에 나오는 수

염 난 제다이의 기사 오비 완 케노비로 기억할 것이다. '천의 얼굴을 가진 남자'는 이제 젊은 관객들마저 알아보는 유명 스타가 되었다. 그는 관객들이 그 '무시무시한 괴물'을 사랑한다는 사실에 놀라워했고, 1980년 또 한 번의 아카데미상을 가슴에 안고 과분한 영광이라는 겸손한 인사말을 전했다. 1959년 여왕 엘리자베스 2세는 그에게 독보적 업적의 대가로 기사 작위를 내렸다. 기네스 '경'은 여생을 영국 남부 피터스필드의 집에서 보냈다.

로렌스 올리비에, 무대의 영웅

평생 동안 〈햄릿〉의 참패를 극복할 수 없었던 기네스와 반대로 영국 배우 로렌스 올리비에에게는 〈햄릿〉이 성공의 발판이 되었다. 워털루 브리지를 건너 사우스 뱅크 센터를 지나 런던 국립 극장National Theatre 26 G6 쪽으로 걸어가다 보면 대좌 위에 서 있는 동상 하나가 눈에 들어온다. 영화 〈햄릿〉에서 햄릿 역으로 출연하면서 입었던 옷차림 그대로의 로렌스 올리비에다. 셰익스피어 작품을 무대에 충실하게, 그러니까 거의 텅 빈 배경의 영화로 만들겠다는 그의 야심찬 계획은 1948년 열화와 같은 호응을 얻었다. 예술사가 에노 파탈라스는 다음과 같이 평했다. "극에 꼭 필요한 소수의 물건에 집중하고 사진에서 쓰는 디프 포커스 촬영 기법을 활용한데다 흠잡을 데 없는 올리비에의 연기까지 더해지면서 영화는 극적 강렬함을 얻었다."

로렌스는 1949년에 이미 〈햄릿〉으로 아카데미상을 수상했다. 2년 전에도 〈헨리 5세〉에서 배우, 프로듀서, 감독으로 활약한 탁월한 성과를 인정받아 명예상을 수상한 바 있었다. 그리고 1979년, 올리비에는 "평생 동안 쌓은 유례없는 성과와 영화라는 예술에 기여한 공로"를 인정받아 아카데미 공로상을 수상하였다.

올리비에가 공동 창설해 오랜 세월 총감독으로 일했던 런던 국립 극장은 한 지붕 세 가족이다. 한 지붕 아래에 대형 극장 올리비에와 두 개의 소극장 코테슬로와 리틀턴이 함께 있다. 또 그의 이름을 딴 '로렌스올리비에상'은 해마다 런던에서 상연한 연극, 뮤지컬, 오페라, 무용 등의 공연물을 대상으로 가장 뛰어난 배우와 작품에게 수여하는 권위 있는 상이다.

런던 국립 극장의 '올리비에 극장'은 조지 버나드 쇼와 톰 스토파드의 작품 외에도 해럴드 핀터 Harold Pinter, 1930 ~ 2008의 작품을 무대에 올린다. 부조리극을 썼던 지성적인 작가이자 연출가 해럴드 핀터는 2005년 노벨 문학상을 받은 인물이다. 수상 이유는 "드라마를 통해 일상적 수다에 가려진 부조리를 밝혀냈기" 때문이다.

알렉 기네스는 2000년 8월 5일, 86살의 나이에 암으로 세상을 떠났다. 62년 동안 그와 동고동락했던 아내 메를러도 두 달 후 그를 따라 영면에 들었다. 메를러 역시 암이었고 남편과 같은 86살이었다.

런던 국립 극장 **26** G6
Upper Ground , London SE1 9PX
www.nationaltheatre.org.uk
▶지하철 : 워털루Waterloo

올드 빅 **28** H5
The Cut , London SE1 8NB
www.oldvictheatre.com
▶지하철 : 워털루Waterloo

엘리자베스 2세 1926-

영국의 수장이자 바람 잘 날 없는 한 가정의 가장

1952년부터 현재까지 영국 여왕 자리를 지키고 있는 여인,

파란만장한 세월과 매력적인 미소를 뽐내는 노부인,

낭만적 연애 사건으로 바람 잘 날 없는 한 가정의 가장이다.

엘리자베스 2세가 탄 마차가 버킹엄 궁전^{Buckingham Palace} **7** E5을 출발해 화려한 기병 연대의 호위를 받으며 더 몰^{The Mall}을 따라 서서히 움직인다. 오랫동안 기억에 남을 멋진 순간, 인파가 몰려와 손수건과 국기를 흔들며 환호성을 지른다. 정각 11시, 마차는 화이트홀의 호스가즈 빌딩^{Horse Guards Building} F4 앞 광장에 멈춰 선다. 백 명의 기마병이 화려하게 치장한 말고삐를 잡아당기면 포병들은 축포를 울리고 악단은 전 세계의 행진곡을 연주한다. 여왕의 생일을 축하하는 이 퍼레이드의 이름은 '트루핑 더 컬러^{Trooping the colour}'로 해마다 6월 둘째 주 토요일에 거행되며 버킹엄 궁전의 발코니에서 왕실 가족들이 사람들에게 인사를 건네는 것으로 끝맺는다.

창살로 가로막힌 궁전 앞마당은 외부인의 출입을 제한한다. 날마다 관광객들이 이곳에 모여드는 이유는 붉은 군복에 검은 털모자를 쓴 경비병 교대식을 관람하기 위해서다. 그러나 웨스트민스터에 자리한 버킹엄 궁전이 영국 왕의 공식 관저로 사용된 것은 그리 오래지 않았다. 빅토리아

영국과 전 세계가 여왕 엘리자베스 2세를 사랑한다. 그녀는 1952년부터 영국의 왕좌를 지켜왔다.

여왕이 버킹엄 공작의 집이던 이곳을 왕의 거처로 삼겠다고 선언한 것은 1837년의 일이다. 7만 7천제곱미터에 이르는 왕의 '사무실 딸린 시내 주택'이 어떤 모습인지 알고 나면 아마 다들 깜짝 놀랄 것이다. 버킹엄 궁전에는 총 775개의 방이 있는데, 침실만 무려 188개에 사무실도 92개나 된

버킹엄 궁전 앞을 사열하는 근위병. 여왕의 근위대는 5개의 보병 연대다.

다. 이곳에서 일하는 사람은 800명이 넘는다. 화려한 무도장은 여왕이 국빈을 맞이하는 곳이다. 영국을 위해 큰 공을 세운 시민은 기사 작위를 받아 귀족이 될 수 있다. 이름에 붙는 '경'이나 '레이디' 같은 칭호가 우리에게는 큰 의미가 없지만 영국인들 사이에서는 노력할 만한 삶의 목표라고 생각하는 사람들이 적지 않다.

버킹엄 궁전은 원래 뒤쪽이 정면이다. 그 앞으로는 흠잡을 데 없는 잔디밭, 관목 꽃밭, 장미, 플라타너스, 단풍, 반짝이는 호수까지 런던 최대의 개인 소유 정원이 펼쳐져 있다. 여왕의 생일 축하 퍼레이드가 끝나면 연이어 파티가 열린다. 여름 중 3일을 정해 그날 오후 여왕이 가든파티를 주최한다. 수천 명이 넓은 풀밭에 흩어져 파티를 즐긴다. 초대 손님 선별 기준은 엄격해 정치, 경제, 사회, 문화, 군사 부문에서 조국을 위해 큰 공을 세운 사람이어야 한다. 그래서 해마다 열리는 이 가든 파티의 손님들은 스스로를 선택받은 특권층이라고 생각한다.

파티에서는 케이크와 크레송 카나페, 차가 나오고, 생크림을 곁들인 산딸기를 먹을 수 있다. 사람들은 음식을 즐기며 담소를 즐긴다. 숙녀들은 머리에 모자를 쓰거나 깃털처럼 가벼운 레이스 두건 '패서네이터Fascinator'를 써야 한다. 정각 오후 4시가 되면 북소리가 울린다. 왕실 가족이 궁의 테라스에 모습을 드러낸다. 화려한 핑크색 옷의 여왕과 회색 실크해트를 쓰고 예복을 갖춰 입은 필립 공 등 모두들 입을 다문다. 군악 오케스트라가 국가를 연주한다.

여왕의 손님이 되는 것은 최고의 영예

여왕이 예의 그 매력적인 미소를 지으며 손님들에게 다가온다. 필립 공은 성실하지만 당당한 자태로 항상 한 걸음 뒤에서 따라온다. 누군가는 필립 공을 두고 하는 일도 없으면서 멋만 부린다고 험담하지만 사실 모두가 그를 좋아한다. 키가 껑충한 남편 옆에 서면 여왕은 더욱 작아 보인다. 의무 이행을 인생철학으로 삼고 기품 있게 늙어 가는 두 사람, 여왕은 1926년생이고 필립 공은 1921년생이다. 16개국의 수장인 여왕은 지금도 하루 6시간씩 사무실에 앉아 서류를 살피고 서명한다. 또한 일주일에 한 번씩 수상과 면담한다. 여왕의 역할은 '국가의 수장으로서 조언하고 용기를 북돋우고 경고'하는 것이다.

의회 개회식에서 여왕이 빅토리아 타워를 지나 웨스트민스터 궁전Palace of Westminster **29** F5 으로 들어선다. 계단을 오르면 모자이크와 금박의 동상, 그림과 프레스코화로 장식한 거대한 '로열 로빙 룸'이 나오고 그 다음 방이 여왕의 갤러리다. 왕의 초상화와 찬란한 금빛 동상들이 늘어서 있다. 마지막 방이 상원House of Lords 의원실이다. 붉은색 벤치와 알록달록한 유리창이 있고 남쪽 구석에 조각을 하고 금박을 입힌 천개 밑으로 여왕의 왕좌가 놓여 있다. 그 옆의 조금 낮은 또 하나의 왕좌는 필립 공의 자리다.

1926년 4월 21일에 태어난 요크의 엘리자베스 공주는 13살 때 그리스와 덴마크의 왕자 필립 마운트배튼을 만나 사랑에 빠졌다. 당시 공주는 이미 자신이 앞으로 아버지 조지 6세의 뒤를 이어 왕좌에 오르리라는 사실을 알고 있었다. 삼촌인 에드워드 8세가 미국의 이혼녀 월리스 심프슨을 사랑해 1936년 왕위 계승을 포기했기 때문이다.

1947년 11월 20일, 엘리자베스 공주는 필립 왕자와 결혼식을 올렸다. 필립 왕자는 결혼을 통해 에든버러 공작이 되었다. 22살의 공주는 멀리 여행을 다녔고, 운전 면허증을 땄으며, 자동차 기계공학과 자동차 운전기사 교육을 받았다. 특이한 행보였다. 왕실 여성으로는 처음으로 군 복무도 마쳤다. 1948년엔 첫 아이가 태어났다. 왕위를 물려받을 왕세자 찰스였다. 1950년에는 딸 앤이 태어났고, 한참의 간격을 두고 아들 앤드류(1960년)와 에드워드(1964년)가 태어났다.

1952년 2월 6일, 아버지가 세상을 떠나자 그녀는 여왕이 되었다. 1953년 6월 2일 웨스트민스터 대성당**45**[F5]에서 열린 대관식은 텔레비전을 통해 온 나라에 생중계되었다. 여왕의 지시에 따른 것이었다. 영국 TV 사상 최초로 생중계된 이 대형 행사는 온 나라를 기쁨의 도가니로 몰아넣었다. 그 후로도 여왕은 자주 언론에 모습을 드러냈다. 의무에 충실한 여왕이 얼마나 '소박하게' 사는지를 볼 수 있게 된 대중은 열광했다. 가족과 함께 윈저 성의 숲에서 말을 타고, 웰시 코기 종 강아지를 아끼는 모습은 일반 사람들과 전혀 다를 것이 없었다.

여왕은 궁에서 어디를 가나 동행이 있었다. 바로 어머니 엘리자베스 보우스라이언Elizabeth Bowes-Lyon이다. 그녀는 영국의 덕목을 몸소 실천하여 전

해마다 버킹엄 궁전의 공원에서는 날씨가 아무리 나빠도 여왕의 '가든 파티'가 열린다.

국민의 사랑을 받았다. 주로 카나리아처럼 노란색이나 하늘색을 즐겨 입었고 매일 스카치위스키 한 모금으로 하루를 마감했던 여왕의 어머니만큼 국민의 존경과 사랑을 받았던 왕족은 없었다. 그녀는 101살까지 살았고, 2002년 큰딸이 왕위에 오른 지 50주년이 되던 해, 그리고 둘째 딸 마거릿이 중병에 걸려 눈을 감은 바로 그해에 세상을 떠났다.

여왕의 여동생 마거릿 공주는 영국 왕실의 숨은 스타였다. 이혼한 공군 장교 피터 타운센드와의 로맨스가 세상에 알려지자 여론이 들끓었다. 공주가 이혼한 평민과 결혼한다는 것은 상상도 할 수 없는 일이었다. 결국 마거릿 공주가 왕실의 압박을 견디다 못해 결혼을 포기했을 때 수많은 사람들이 그녀와 함께 울었다.

1950년에서 1960년, 사회는 빗장을 열기 시작했고 '상류 계층'과 '하류 계층'의 경계가 허물어졌다. '지상에서 가장 쿨한 도시' 런던은 신이 났다.

마거릿 공주는 예술과 와인, 음악을 사랑했다. 공주가 다음으로 사랑에 빠진 상대는 사진작가 앤서니 암스트롱존스^{Anthony Armstrong-Jones}였다. 30살의 공주는 그와 함께 사진을 찍었다. 1960년에 거행된 공주의 결혼식은 영국 왕실이 세상을 향해 빗장을 연 것을 상징했다. 암스트롱존스는 스노든 백작이 되었고 공주는 두 아이를 얻었다. 그들은 1978년에 이혼했다.

다이애나, 비운의 왕세자비

그사이 엘리자베스의 장남 찰스 왕세자가 결혼 적령기가 되었다. 온 나라가 그의 결혼을 기대했다. 마침내 1981년 7월, 찰스 왕세자는 레이디 다이애나 스펜서를 아내로 맞이하여 세인트 폴 대성당**40** H3에서 결혼식을 올렸다. 1982년에는 첫째 아들 윌리엄이, 1984년에는 둘째 아들 해리가 태어났다. 하지만 이들의 결혼 생활은 파란만장했다. 신문, 잡지의 단골 먹잇감이 되어 찰스가 바람을 피운다, 다이애나가 바람을 피운다, 다이애나가 거식증에 걸렸다, 찰스는 냉담하다는 등 얄궂은 헤드라인들이 신문의 1면을 장식했다. 결혼은 오래 가지 못했다. 두 사람은 결국 1996년에 이혼했다. 그 후 찰스는 2004년 4월, 오랜 연인 카밀라 파커 볼스와 재혼했지만 다이애나는 비극적 운명의 주인공이 되고 만다.

1997년 9월 6일, 런던 거리에 정적이 흘렀다. 모든 상점이 문을 닫았다. 10시를 몇 분 앞두고 웨스트민스터 대성당**45** F5의 탑에서 조종^{弔鐘}이 울리기 시작했다. 1997년 8월 31일, 파리에서 교통사고로 목숨을 잃은 다이애나 왕세자비의 장례 행렬이 켄징턴 궁전^{Kensington Palace} **18** B4에서 움직이기 시작했다. 붉은 제복을 입고 검은 털모자를 쓴 12명의 근위병이 관을 호위했다. 파랑, 빨강, 금색의 왕실기로 감싼 다이애나의 관은 백합, 장미, 튤립으로 장식되었다. 사람들은 눈물을 참으며 "사랑해요, 다이애나"

를 외쳤다. 전 세계인이 그녀의 죽음을 애도했다. 영국인들은 다이애나가 윈저 성, 특히 엘리자베스 여왕의 제물이었다고 생각했다. 여왕은 장례식 날까지도 모습을 드러내지 않았고, 영국인들은 그 사실에 분노했다. "여왕은 차갑고 냉정한 여자다." 언론이 술렁였다. 왕위에 오른 이후 여왕에게 닥친 최대의 위기였다.

그러나 다이애나의 관이 궁을 떠나던 순간 여왕이 그쪽을 향해 절을 했고 검은 롤스로이스를 타고 대성당으로 가기 위해 관저를 나섰다. 버킹엄 궁전에 조기가 걸리는 순간에는 수십만 인파가 모여든 하이드 파크^{Hyde Park} B-D4/5와 런던 거리에서 박수갈채가 터져 나왔다. 사람들은 안도의 한숨을 내쉬었다. 다이애나의 친구 엘튼 존이 웨스트민스터 대성당의 피아노에 앉아 자신의 노래 〈바람 속의 촛불Candle in the Wind〉의 멜로디에 새로운 가사를 붙인 〈영국의 장미여 안녕Goodbye England's Rose〉을 연주하기 시작하자 모두들 마음 놓고 울기 시작했다. 다이애나가 죽기 전까지 살던 켄징턴 궁전에는 현재 아들 윌리엄과 왕세손비 캐서린이 살고 있다.

버킹엄 궁전 7 E5
London SW1A 1AA
www.royalcollection.org.uk
▶지하철 : 세인트 제임스 파크St James's Park

웨스트민스터 궁전 (국회 의사당) 29 F5
Westminster, London SW1A 0AA
www.parliament.uk
▶지하철 : 웨스트민스터Westminster

믹 재거 1940~

비틀즈와 함께 전 세계를 뒤흔들었던 롤링 스톤스의 싱어

1962년, 롤링 스톤스는 런던을 휘젓고 다니며 록을 연주했다.

그들은 록 음악을 하는 사람이 자신들뿐이라고 자만했다.

그러나 착각이었다. 북쪽에서 '비틀즈'가 공격을 개시한 것이다.

1962년 5월 19일, 음악 잡지 〈디스크〉에 다음과 같은 기사가 실렸다. "다트퍼드 출신의 19살 리듬앤블루스 싱어 믹 재거가 알렉시스 코너가 이끄는 블루스 인코퍼레이티드 밴드의 멤버가 되었다. 그는 토요일에는 일링 클럽에서, 화요일에는 런던 마키 재즈 클럽에서 정기적으로 노래를 부를 예정이다."

불과 두 달 후인 1962년 7월 12일, 사람으로 꽉 들어찬 런던 옥스퍼드 가^{Oxford Street} E/F3의 마키 클럽^{Marquee Club}에서 〈허니 왓츠 롱Honey what's wrong〉, 〈브라이트 라이츠Bright lights〉, 〈더스트 마이 블루스Dust my blues〉 등 리드미컬한 리듬앤블루스 곡들이 울려 퍼졌다. 머디 워터스^{Muddy Waters, 1913~1983}의 노래 〈롤린 스톤Rollin' stone〉의 제목에서 따와 '믹 재거와 롤링 스톤스'라는 밴드명으로 선보인 첫 라이브 쇼였다. 모두들 재킷을 입고 넥타이를 맸다. 브라이언 존스^{Brian Jones}와 키스 리처즈^{Keith Richards}가 기타를 쳤고, 믹 재거가 마이크를 잡았다. 18, 19살 소년들이었으므

일흔을 앞둔 나이에도 롤링 스톤스의 싱어 믹 재거는 지친 기색이 없다. 롤링 스톤스는 1962년부터 지금까지 쭉 록을 하고 있다.

로 젊은 리듬앤드블루스 팬들, 특히 여성 팬들이 열광했다. 그러나 그 당시 런던의 클럽에는 재즈 팬들이 압도적으로 많았다. 그들은 흑인 블루스에 거부감을 느꼈고 알렉시스 코너와 롤링 스톤스가 전통 재즈를 몰아내려 한다고 생각했다.

리버풀에서 온 경쟁자 비틀즈는 영국 밴드로서는 처음으로 세계를 정복하였다.

이런 상황이었으니 젊은 록 음악가들의 라이브 공연이 수월할 리 없었다. 블루스를 어떻게 노래해야 하느냐를 두고 실랑이를 벌였고 재즈 파들이 믹 재거와 그의 무대 매너에 대해 비판하면서 어느 날 밤 마키 클럽에서 싸움이 벌어졌다. 키스 리처즈가 폭력을 사용했고 결국 롤링 스톤스는 소호Soho E/F3/4의 인기 클럽에 출연할 수 없게 되었다.

도심 한가운데에 자리한 소호의 밤은 소란스럽다. 새프츠베리 에비뉴 북쪽의 빽빽한 홍등가 골목들에는 요란한 화장에 하이힐을 신은 여자들로 북적이고, 스트립쇼를 하는 술집, 클럽, 바, 이탈리안 레스토랑이 늘어서 있다. 술에 취하고 약에 취한 사람들이 몰려다니고 음침한 뒷마당에서는 헤로인이 거래된다.

1962년 8월, 믹 재거는 첼시Chelsea C/D6/7의 에디스 그로브Edith Grove B7에

서 값싼 집을 찾아냈다. 그는 런던 동부 다트퍼드 출신으로 대부분의 록 음악가들과 달리 상대적으로 유복한 가정에서 자랐다. 아버지는 물리학 및 체육 선생님이었고, 어머니는 오스트리아 태생으로 미국의 화장품 회사 에이번의 고문으로 일했다. 믹 재거는 대학을 다니기 위해 수도 런던으로 갔다. 그런데 어느 날 고향에 왔다가 다트퍼드 기차역에서 초등학교 친구 키스 리처즈를 만났다. 두 사람은 런던에서 다시 보기로 약속했다.

믹 재거는 방 2개짜리 낡은 집에서 살았다. 천장에는 백열등이 달려 있었고 가스오븐은 동전을 넣어야만 따뜻해졌다. 항상 기타를 플라스틱 케이스에 넣어 겨드랑이에 끼고 다녔던 키스 리처즈와 금발의 브라이언 존스 역시 그가 사는 첼시의 집으로 들어왔다. 그들은 아주 친한 사이가 되었고 쉬지 않고 기타를 연주했으며 엄청난 브랜디로 추위와 싸웠다.

비틀즈가 등장하다

장학금을 받기는 했지만 믹 재거 역시 가난하기는 마찬가지였다. 그들은 밤마다 고픈 배를 움켜쥐고 거리로 나가 사람들이 먹다 버린 맥주를 찾았고 동네 슈퍼마켓에서 음식을 훔쳤다. 그 무렵인 1961년 12월, 레코드 판매상 브라이언 앱스타인이 리버풀 출신의 젊은 음악가 4명으로 구성된 그룹의 매니저가 되었다. 그룹 이름은 '비틀즈'였다. 런던에서는 아직 비틀즈를 아는 사람이 거의 없었다. 그들이 당시 유행하는 양복을 입고 부츠를 신고 긴 머리를 앞으로 빗어내려 '버섯 머리'를 하고 다닌다는 소문은 돌았다. 어느 날 비틀즈의 〈러브 미 두Love me do〉가 라디오에서 흘러나왔다. 당황한 표정으로 그 노래에 귀를 기울였던 사람들은 믹 재거 일당만이 아니었다. "북의 침략이었다." 훗날 키스 리처즈는 그날의 충격을 이 한마디로 요약했다. "세상에서 하나밖에 없는 줄 알았던" 그들에게 비틀즈는 느닷없이 나타난 무시무시한 경쟁자였다.

존 레넌, 폴 매카트니, 조지 해리슨과 함께 피트 베스트를 대신하여 드러머 자리를 꿰찬 링고 스타가 1962년 함부르크에서 공연했다. 그리고 1962년 8월, 링고 스타는 음반회사 EMI와의 계약서에 사인함으로써 비틀즈의 마지막 멤버로 합류한다. 1962년 10월부터 그들의 인기는 가히 폭발적이었다. 리버풀 출신의 팝 그룹은 런던으로 입성했고 그들의 음악은 사람들의 이성을 마비시켰다. 이들이 로열 앨버트 홀 **35** B5에서 〈당신 손을 잡고 싶어I wanna hold your hand〉나 〈느낌이 좋아I feel fine〉를 불렀을 때에는 수천 명의 소녀 팬들이 비명을 질러댔고, 속옷을 벗어 던지고 사탕을 던졌다. '비틀즈 광기'는 전염병처럼 널리 퍼져 나갔다.

런던 북쪽에 세인트 존스 우드 구의 아베이 로드 스튜디오스Abbey Road Studios **2** B1 근처에 유명한 횡단보도가 있다. 1969년 8월 8일 11시 35분경, 존 레넌, 폴 매카트니, 링고 스타, 조지 해리슨이 이 횡단보도를 건넜고 이언 맥밀리언이 10분만에 〈아베이 로드〉 앨범의 커버 사진을 찍었다.

롤링 스톤스와 비틀즈가 표현한 것은 단순한 스타일 그 이상이었다. 그들은 새로운 삶의 감정을 표현했다. 그러나 롤링 스톤스가 무아지경에 빠져 외설적인 표현과 공격도 마다하지 않고 저항과 도발, 섹스를 대변하며 〈함께 이 밤을 보내요Let's spend the night together〉나 〈19번째 신경쇠약 19th nervous breakdown〉을 불러대던 것과 달리 비틀즈는 밝고 명랑하고 위트가 넘쳤으며 성공에 대한 믿음을 잃지 않았고 우정과 사랑, 평화를 노래했다. 비틀즈의 노래는 정말로 듣기 좋았다. 흑인의 리듬앤드블루스와 백인의 컨트리앤드웨스턴 뮤직에서 탄생한 비틀즈의 로큰롤은 1962년에서 1970년 사이 록과 팝 음악의 이미지를 바꾼 것은 물론이고 전 세계 사회 구조와 행동 방식까지 근본적으로 뒤흔들어 놓았다. 비틀즈는 롤

1977년 롤링 스톤스가 워도어 가의 마키 클럽에서 앨범 〈러브 유 라이브〉를 선보이고 있다. 당시에
는 키스 리처즈가 빠졌다.

링 스톤스, 밥 딜런과 더불어 쿠바 위기와 케네디 암살의 충격을 극복하
고 새로운 모델을 찾고 있던 젊은 세대의 구심점이 되었던 것이다.

'스윙잉 런던Swinging London' 즉 '신나는 런던'은 1960년대 초 역동적이었
던 런던의 분위기를 한마디로 요약하는 단어였다. '파티 중의 파티'가 열
렸던 도시, '세계 최고의 핫 플레이스' 런던은 세계 도시의 모델이 되었다.
음악, 회화, 패션, 디자인, 영화 등 분야를 막론하고 활기찼고 뭔가 움트는
분위기였다. 에너지와 열정이 넘쳤고 자유로운 사랑, 도발적 패션, 꿈이
피어났으며 모든 것이 꿈틀거렸다. 소호$^{E/F3/4}$와 첼시$^{C/D6/7}$는 인기 높은
번화가로, 킹스로드와 캐너비 가는 패션의 거리로, 마키 클럽과 일링 클
럽 및 피커딜리는 음악의 메카가 되었다.

팝아트의 중심지, 런던

'스윙잉 런던'을 이야기할 때 젊은 미술상 로버트 프레이저도 빼놓을 수 없다. 이튼 학교 출신의 동성애자이며 장미색 양복을 즐겨 입었던 우아한 남자, 팝의 거침없는 세계에 푹 빠진 그는 듀크 가의 로버트 프레이저 미술관을 통해 팝아트 운동에 동참했다. 팝아트는 런던의 미술이었다. 1950년대 초반부터 모티브의 통속성으로 미술 세계를 충격에 빠뜨렸고 새로운 생활문화를 급진적으로 반영하였다.

팝아트의 화신이자 최고 스타가 바로 뉴욕 출신 화가 앤디 워홀^{Andy Warhol, 1928~1987}이다. 로버트 프레이저는 워홀의 갤러리스트였다. 워홀이 런던에 오면 사람들이 그를 보겠다고 프레이저 살롱으로 몰려들었다. 화가, 음악가, 배우, 영화감독, 패션업계 사람들이 그곳에서 어울렸다. 믹 재거, 폴 매카트니, 존 레넌, 모델 아니타 팔렌버그, 빛나는 미인 마리안 페이스풀, 거기에 더해 축구 스타, 디자이너, 딜러들도 참석했다. 한마디로 전 세계 부자들이 다 모였다.

비틀즈의 앨범 중에 유명한 〈화이트 앨범〉이 있다. 1968년에 발매된 이 앨범의 흰 커버에는 밴드의 이름과 일련번호만 찍혀 있다. 덕분에 모든 앨범이 한정판처럼 원본이 된다. 이 비틀즈 앨범의 커버는 바로 유명한 화가이자 작가이며 뒤샹의 팬이었던 리처드 해밀턴^{Richard Hamilton, 1922~2011}의 작품이다. 그는 영국 '팝 아트의 대부'로 손꼽힌다.

롤링 스톤스가 비틀즈처럼 유명해지기까지는 2년여의 시간이 필요했다. 두 그룹은 세계적인 명성을 얻었다. 폴 매카트니와 존 레넌의 손끝에서 탄생한 〈예스터데이Yesterday〉, 〈섬싱Somthing〉, 〈위드 어 리틀 헬프 프럼 마이 프랜드With a little help from my friend〉도 롤링 스톤스의 〈새티스팩션Satisfaction〉, 〈브라운 슈거Brown sugar〉, 〈언더 마이 텀브Under my thumb〉, 〈앤지Angie〉도 불멸의 클래식이 되었다.

　그러나 1970년 팀이 해체된 후 존 레넌이 1980년 뉴욕에서 총에 맞아 사망하고 조지 해리슨이 2001년 폐암으로 세상을 떠난 비틀즈와 달리 롤링 스톤스는 아직도 왕성한 활동을 하고 있다. 멤버도 예전과 똑같다. 1941년생 백발의 찰리 와츠가 드럼을 치고 좌충우돌의 세월을 얼굴에 담은 1943년생 키스 리처즈가 기타를 친다. 2002년 엘리자베스 2세 여왕으로부터 기사 작위를 받은 믹 재거 경^{Sir Mick Jagger}은 런던 리치몬드에 별장을, 루아르 강변에 성을 한 채 갖고 있고 몇 억 파운드의 재산이 있다고 한다. 두 번의 결혼과 이혼, 여섯 명의 자식, 수없는 스캔들을 겪으며 세월의 흔적이 얼굴에 고스란히 새겨진 밴드의 간판스타다. 그들은 지금까지도 오래오래 행복하게 록 음악을 하고 있다.

로니 스콧츠 33 F3

47 Frith Street, Soho, London W1D 4HT
www.ronniescotts.co.uk
▶지하철 : 레스터 스퀘어Leicester Square, 토트넘 코트 로드Tottenham Court Road

아베이 로드 스튜디오스 2 B1

3 Abbey Road, London NW8 9AY
www.abbeyroad.com
▶지하철 : 세인트 존스 우드St John's Wood

606클럽 1 B7

90 Lots Road, Chelsea, London SW10 0QD
www.606club.co.uk
▶지하철 : 풀햄 브로드웨이Fulham Broadway

알렉산더 맥퀸 1969~2010
비즈니스와 명성에 쓰러진 천재 디자이너

천재적인 젊은 디자이너 맥퀸, 그는 세계 패션계를 정복했고
남성과 결혼했으며 끝내는 자살했다. 이 비극적 운명은 런던이라는
종합 예술이 낳은 별난 사건이다.

2010년 2월, 국제 패션계가 충격에 빠졌다. 런던의 스타 디자이너 알렉산
더 맥퀸이 세상을 떠났다는 소식이 전해졌다. 그는 불과 마흔 살의 젊은
나이에 어머니의 기일을 하루 앞두고 자신의 집에서 스스로 목숨을 끊었
다. "내 강아지들을 보살펴 줘. 미안, 너희들을 사랑해." 죽기 얼마 전, 그
는 책 표지에 이런 글을 긁적여 놓았고, 총 1600만 파운드의 유산 중에서
자신이 키우던 불독 두 마리에게 각각 5만 7천 파운드씩을 남겼다.
　새빌로는 런던의 부촌 메이페어Mayfair의 심장부인 화려한 본드 가에서
그리 멀지 않은 곳에 자리하고 있다. 크기는 상대적으로 작지만 세계적으
로 유명한 거리다. 100여 년이 넘는 세월 동안 영국 최고의, 아니 세계 최
고의 양복점들이 늘어서 있기 때문이다. 그래서 오랜 세월 메이페어의 이
골목은 남성들의 세상이었다. 물론 이제는 그런 사정도 많이 변했다.
　새빌로 1번지 W1, 이 특별한 주소의 '기브스 앤드 호크스Gieves & Hawkes **14**
E4' 역시 유서 깊은 양복점 중 한 곳이다. 런던에서 가장 오랜 역사를 자랑

런던의 패션 디자이너 알렉산더 맥퀸이 로스앤젤레스에 부티크를 열었다. 당시 그의 나이 불과 마흔이었다.

하는 이 양복점에는 'Bespoke tailoring'이라는 글자가 금박으로 적혀 있다. 여기서 짓는 플란넬 양복과 캐시미어 재킷이 맞춤 및 수제라는 뜻이다. 다시 말해 고객의 치수를 직접 재고 고객과 의논한 후 한 벌 한 벌 직접 손으로 짓는다는 뜻이다.

알렉산더 맥퀸의 화려한 패션. 파리 패션쇼의 한 장면이다.

기브스 앤드 호크스는 최우수 품질 덕에 '로열 워런트 홀더', 즉 영국 왕실의 공식 납품업체이기도 하다. 필립 공 전하께서 새 버튼다운 셔츠가 필요하시거나 찰스 왕세자가 넥타이가 필요할 경우 그냥 전화만 걸면 기브스 앤드 호크스의 개인 상담원이 서둘러 궁으로 달려간다.

이쯤에서 눈길을 새빌로에서 건너편 올드 본드 스트리트로 돌려 보자. 그곳에는 영국 패션계의 '앙팡테리블', 지난 15년 동안 가장 영향력 있는 디자이너 중 한 사람이었던 알렉산더 맥퀸의 부티크 **5** E4가 있다. 맥퀸은 어떻게 스타 디자이너가 되었을까? 유서 깊은 양복점 기브스 앤드 호크스, 바로 그 새빌로에서 그의 가파른 출세 길이 열렸다. 알렉산더 맥퀸은 이렇게 말했다. "몸에 잘 맞으면서도 우아해야 한다. 새빌로에서 그것을 배웠다."

택시 기사였던 아버지의 여섯 자녀 중 막내로 태어난 그는 어릴 적 부엌에 앉아 집에 있는 재봉틀로 세 누나의 옷을 짓고 싶어 했다. 16살 되던 해에 학교를 그만두고 새빌로의 '앤더슨 앤드 셰퍼드Andersen & Sheppard'의 견습공이 되었다. 그리고 얼마 후 미하일 고르바초프의 단골 양복점 기브스 앤드 호크스로 자리를 옮겼다. 그곳에서 어시스턴트 디자이너로 일했던 그는 세계적인 패션 스쿨 '센트럴 세인트 마틴 예술 디자인 대학Central Saint

Martins College of Arts and Design'에 들어갔다. 이 대학은 스텔라 매카트니와 존 갈리아노 같은 패션계 유명 인사들도 다녔던 학교다. 존 갈리아노는 1996년까지 지방시의 수석 디자이너였는데 그의 후임으로 선정된 인물이 바로 맥퀸이다. 물론 그 후 맥퀸은 다시 구찌로 자리를 옮겼다.

잭 더 리퍼와 함께 패션의 광기를 선보이다

'잭 더 리퍼가 제물을 노린다.' 맥퀸의 첫 컬렉션이었던 대학 졸업 작품 제목이다. 그는 실크와 진짜 사람의 머리카락으로 짠 직물을 소재로 이용했다. 졸업 작품전을 보러 왔다가 20세기 초의 이 급진적 작품을 보고 순식간에 홀딱 반한 사람이 있었으니, 영국 〈보그〉지의 스타일리스트 이자벨라 블로였다. "자리를 못 잡아 그냥 계단에 앉아서 보았다. 그런데 갑자기 '저 옷 진짜 마음에 들어. 멋진데!' 하는 생각이 들었다."

이자벨라 블로는 조금의 망설임도 없이 젊은 맥퀸의 컬렉션을 전부 구입했다. 그날 이후 두 사람은 친구가 되었고, 블로는 맥퀸의 제일 친한 지인이자 뮤즈가 되었다. 2007년 이자벨라 블로가 자살했을 때 맥퀸은 상실감을 이기지 못하고 무척 괴로워했다. "이자벨라와 나 사이에는 아주 특별한 무언가가 있다. 패션과는 관계없는, 패션을 훨씬 넘어서는 그 무언가가 있다."

2000년 여름, 자타가 공인한 동성애자 맥퀸은 이비사 섬에서 다큐멘터리 영화감독 조지 포사이스와 결혼식을 올렸다. 영국 모델 케이트 모스가 증인을 섰다. 하지만 두 남자의 관계는 오래가지 못했다. 수줍음 많고 예민하며 오래전부터 우울증과 공포에 시달렸던 맥퀸은 오히려 케이트 모스와 팝 가수 레이디 가가 같은 여성 스타들과 생의 마지막까지 끈끈한 우정을 유지했다.

패션은괴로운영혼의표현

패션의 수도 런던에 이란 맥주 가문의 상속녀 다프네 기네스가 탄 하얀 메르세데스가 멈춰 선다. 그녀가 차에서 내려 맥퀸의 부티크로 들어갈 때면 누구나 짐작할 수 있다. 곧 하늘을 찌를 만큼 높은 하이힐에 우아하고 고급스러운 옷을 입고 다시 밖으로 나올 것이라는 것을. 장신구 디자이너, 예술 후원자, 뮤즈, 세 아이의 어머니인 다프네 기네스는 이자벨라 블로가 세상을 떠나자 블로가 소장했던 맥퀸의 컬렉션 전부를 구입했다. 런던 소더비 경매장에서 그 물건들이 팔려 이리저리 흩어질 것을 걱정했기 때문이다.

런던 패션계의 최고봉은 1년에 두 번씩 열리는 패션 위크다. 그중에서도 알렉산더 맥퀸의 패션쇼는 최고의 하이라이트였다. 옷이라기보다 초현실적 예술 작품, 괴로운 영혼의 표현이라 불러야 할 정도로 기괴하고 극적인 작품들은 그 작품을 만든 이 '망나니 디자이너'를 매번 신문 1면 기삿거리로 만들었다. 그는 깃털과 조개 같은 소재로 실험을 했고 꽃과 비단 조각, 오간자 레이스, 피부색의 가죽을 잇대어 붙였다. 영양의 뿔이 모델의 머리에서 불쑥 솟아 나오고 악어 입이 어깨에서 튀어나왔다. 모델의 얼굴 앞에 예리한 금속 조각을 설치하기도 하고 모델을 코르셋과 스커트를 부풀리기 위한 크리놀린에 끼워 넣기도 했으며 말굽처럼 생긴 나무 발바닥을 달아 모델에게 신기기도 했다. 히치콕이나 에드거 앨런 포 스타일의 호러나 사도마조히즘적 취향에 대해 물으면 그는 "내 옷을 입은 여성을 사람들이 무서워하면 좋겠다."라는 말로 설명했다.

그러나 맥퀸 패션 하우스가 남긴 것이 케이트 모스가 맥퀸의 쇼에서 선보인 속이 훤히 들여다보이는 해골 옷들뿐인 것은 아니다. 2011년 4월, 20억에 가까운 세계인이 TV를 통해 웨스트민스터 대성당에서 윌리엄 왕

콘듀잇 가에 자리 잡은 비비안 웨스트우드의 부티크. 이 패션의 아이콘은 엘리자베스 여왕으로부터 귀족 작위를 하사받았다.

자와 나란히 걸어가던 케이트 미들턴의 웨딩드레스를 보며 탄성을 내뱉었다. 그녀가 마차에 오르던 순간까지 입고 있던 웨딩드레스는 사라 버튼의 작품이다. 맥퀸이 세상을 떠난 후 패션하우스의 디자이너와 크리에이티브 디렉터 자리는 맥퀸의 오른팔 역할을 하던 48살의 영국 여성 사라 버튼에게 돌아갔다. 들러리로 신부의 뒤를 따라가던 케이트 미들턴의 여동생 필리파 미들턴의 드레스 역시 사라 버튼의 손에서 탄생했다. 놀랄 만큼 길게 이어진 등의 단추 선은 새틴으로 짠 맥퀸의 꿈이었고, 갈색 머리의 필리파를 순식간에 신부 못지않은 스타로 만들어 주었다. "필리파가 케이트의 옷을 정돈하려고 허리를 굽힐 때마다 남성들의 탄성이 동시에 터져 나왔다." 〈선데이 텔레그래프〉 역시 앞가슴이 깊게 팬 필리파의 드레스를 이렇게 칭송하였다.

올드 본드 스트리트에서 불과 몇 걸음 떨어진 콘듀잇 가^{Conduit Street} E3/4 에는 비비안 웨스트우드의 부티크가 있다. 영국 오트쿠튀르의 빨강 머리 귀부인은 도발적인 펑키 패션에도 불구하고 엘리자베스 2세로부터 작위를 받았고 자전거를 타고 런던 거리를 활보한다. 어쩌면 지금도 비비안 웨스트우드는 자전거를 타고 킹스 로드 방향으로 가고 있을지 모르겠다. 자신의 역사가 시작된 그곳으로.

펑크 스타일의 여왕 비비안 웨스트우드

1970년대 런던에는 아직 사랑과 평화를 부르짖던 청년 문화 플라워 파워의 흔적이 역력했다. 펑키 레이디 비비안 웨스트우드는 섹스 피스톨스 밴드의 창단 멤버 말콤 에드워즈, 일명 맥라렌과 함께 킹스 로드^{King's Road} B/C7 430번지에 첫 가게를 열었다. 그리고 핀업^{pin-up}과 포르노 그라피티로 벽을 장식했고, '렛 잇 록^{Let it Rock}'이라는 제목의 컬렉션을 열었으며 충격적인 페티시 패션을 판매하였다. 그녀의 아들 조 코레는 속옷 브랜드 아장 프로보카퇴르를 만든 인물이다.

첼시의 킹스 로드에서 또 한 편의 신화가 탄생한다. 메리 퀸트가 이 거리에 '부티크 바자'를 열었다. 그녀가 1962년에 선보인 미니스커트는 한 세대의 상징이 되었다. 키만 껑충할 뿐 어린아이 같은 몸매의 마른 슈퍼모델 트위기가 미니스커트를 입고 무대를 걸어가자 여성들은 짧은 스커트에 알록달록한 스타킹, 납작한 부츠와 쫄쫄이 스웨터를 사기 시작했고 본드 스트리트의 비달 사순에게 짧게 친 자연스러운 모양의 단발머리 '밥' 커트 스타일로 머리를 싹둑 잘랐다.

템스 강의 남쪽 연안, 날로 인기를 구가하는 버몬지 가에 패션과 직물 박물관^{Fashion and Textile Museum} 12 J5이 자리하고 있다. 밝은 오렌지와 핑크색의 앞면이 눈에 확 띄는데, 이 아이디어는 핑크색 헤어로 유명한 런던의 디자이너 잔드라 로즈의 것이다. 패션의 팬이라면 이곳에서 지난 50년 동안 영국이 창의적인 패션과 반짝이는 장신구, 독특한 직물 디자인으로 어떤 위대한 작품들을 창조했는지 확인할 수 있을 것이다.

이런 연출의 욕망은 파리나 뉴욕에서도 목격할 수 있다. 하지만 예상치 못한 광기의 폭발과 나르시시즘적 기벽이 런던처럼 이토록 멋지게 뒤섞인 도시는 그 어디에도 없을 것이다. 패션과 음악, 문학과 라이프스타일이 충직하게 가꾸어 온 전통과 극명하게 대비되면서 스펙터클한 종합 예술로 농축된다.

소란스러움에 지친 우울증 환자 알렉산더 맥퀸은 마약을 먹고 목을 맸다. 그러나 이런 비극적 운명에도 그의 삶이 전해 준 메시지는 사라지지 않는다. "쇼는 계속되어야 한다! The show must go on!"

기브스 앤드 호크스 14 E4
1 Savile Row, Mayfair, London W1S 3JR
www.gievesandhawkes.com
▶지하철 : 피커딜리 서커스Piccadilly Circus

알렉산더 맥퀸의 부티크 5 E4
4-5 Old Bond Street, London W1S 4PD
www.alexandermcqueen.com
▶지하철 : 그린 파크Green Park

패션과 직물 박물관 12 J5
83 Bermondsey Street, London SE1 3XF
www.ftmlondon.org
▶지하철 : 런던 브리지London Bridge

템스 강의 타워 브리지.

지은이 | 마리나 볼만멘델스존

함부르크와 런던, 파리에서 문학사를 공부했고 파리 유력 주간지 〈슈피겔〉 편집부에서 일했다. 여성 화가 파울라 모더존베커를 비롯하여 여러 인물의 전기를 집필했다. 메리안 포트레이트 시리즈의 《파리》편과 여행 안내서 메리안 라이브 시리즈의 《파리》,《함부르크》편을 썼다.

옮긴이 | 장혜경

연세대학교 독어독문학과를 졸업했으며, 같은 대학 대학원에서 박사 과정을 수료했다. 독일 학술교류처 장학생으로 하노버에서 공부했다.
전문 번역가로 활동 중이며 《식물탄생신화》,《상식과 교양으로 읽는 유럽의 역사》,《주제별로 한눈에 보는 그림의 역사》,《미술의 역사를 바꾼 위대한 발명 13》등 다수의 문학과 인문교양서를 우리말로 옮겼다.

도시의 역사를 만든 인물들
그들을 만나러 간다
런던

초판 인쇄 2016년 1월 5일
초판 발행 2016년 1월 15일

지은이   마리나 볼만멘델스존
옮긴이   장혜경
펴낸이   진영희
펴낸곳   (주)터치아트
출판등록   2005년 8월 4일 제396-2006-00063호
주소   10403 경기도 고양시 일산동구 백마로 223, 630호
전화번호   031-905-9435 팩스 031-907-9438
전자우편   editor@touchart.co.kr

ISBN 978-89-92914-86-4 04980
      978-89-92914-85-7(세트)

* 이 도서의 국립중앙도서관 출판시도서목록(CIP)은
  서지정보유통지원시스템 홈페이지(http://seoji.nl.go.kr)에서
  이용하실 수 있습니다.(CIP제어번호: CIP2015035078)